果树合理整形修剪图解系列

苹果树

合理整形修剪

图 解

陈敬谊　主编

U0387826

化学工业出版社

·北京·

图书在版编目（CIP）数据

苹果树合理整形修剪图解/陈敬谊主编. —北京：
化学工业出版社，2018.11（2024.1重印）
（果树合理整形修剪图解系列）
ISBN 978-7-122-32950-9

Ⅰ. ①苹⋯ Ⅱ. ①陈⋯ Ⅲ. ①苹果-修剪-图解
Ⅳ. ①S661.105-64

中国版本图书馆 CIP 数据核字（2018）第 200890 号

责任编辑：邵桂林　　　　　　　装帧设计：韩　飞

责任校对：王素芹

出版发行：化学工业出版社
　　　　　（北京市东城区青年湖南街13号　邮政编码100011）
印　　装：北京天宇星印刷厂
787mm×1092mm　1/32　印张7¾　字数62千字
2024年1月北京第1版第2次印刷

购书咨询：010-64518888　　售后服务：010-64518899

网　　址：http://www.cip.com.cn

凡购买本书，如有缺损质量问题，本社销售中心负责调换。

定　　价：39.00元　　　　　　　版权所有　违者必究

果树栽培面积大，是农民创收、致富的主要途径之一。果树整形修剪是搞好果树栽培管理的重要环节之一，在果树生产中整形修剪技术运用是否得当对果树产量和品质影响重大。整形修剪的目的是为了使果树早结果、早丰产，延长其经济寿命，同时获得优质的果品，提高果树栽培的经济效益，使栽培管理更加方便省工。科学的整形修剪能调节枝梢生长量和结果部位，构建合理的树冠结构，改善树冠通风透光条件，有效利用光能。

修剪技术是一个广义的概念，不仅包括修剪，还包括许多作用于枝、芽的技术，如环剥、拉枝、扭梢、摘心、环刻等技术工作。随着社会及现代农业的发展，果树的管理越来越趋向于简化管理，进行省工省力化栽培。果树整形修剪技术也与过去传统的修剪方法有了很大区别。但生产中普遍存在修剪技术陈旧落后、整形修剪不规范、修剪方法运用不当、修剪程序或过程烦琐、重冬季修剪轻夏季修剪等问题，严重影响了果树的产量、品质及其经济效益。

为了在果树生产中更好地推广和应用果树整形修剪技术，笔者结合多年教学、科研、生产实践经验，编写了《苹果树合理整形修剪图解》一书。本书以图文结合的方式详细讲解了苹果树合理整形修剪技术，力图做到先进、科学、实用，便于读者掌握，为果树优质丰产打基础。

本书主要包括整形修剪基础、苹果树整形修剪的时期及方法、常用树形及其整形技术、结果枝组及其修剪技术、不同时期及品种苹果树的修剪重点等内容。需注意的是，整形修剪时应该根据树种、树龄和树势、肥水条件、密度、生长期、管理水平、品种等方面综合考虑，因"树"制宜，灵活运用，并要把冬季修剪和夏季修剪放在同等重要的地位，二者结合起来，才能达到应有的效果。但也应强调修剪不是万能的，要同时做好果树土肥水管理、病虫害防治等技术工作，才能达到优质丰产的目的。

本书内容实用，图文并茂，文字简练、通俗易懂，适合果树技术人员及果农使用。

由于笔者水平有限，加之时间仓促，疏漏和不妥之处在所难免，敬请广大读者指正。

编　者

2018年10月

第一章

整形修剪基础

第一节

果树树体结构

果树的地上部包括主干和树冠两部分，见图1-1。树冠由中心干、主枝、侧枝和枝组构成，其中中心干、主枝和侧枝统称骨

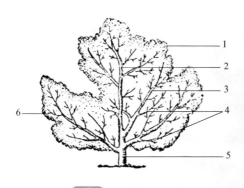

图1-1　果树树体结构

1—树冠；2—中心干；3—主枝；4—侧枝；

5—主干；6—枝组

（引自稀荣庭，果树栽培学总论第三版，1997）

第一章　整形修剪基础

3

干枝，是组成树冠骨架的永久性枝的统称。

1. 树冠

一般果树树冠由中心干、主枝、侧枝、辅养枝、枝组组成。树冠是树干以上所有着生的枝、叶所构成的形体。

2. 主干

地面至第一主枝之间的部分。主要作用是传递养分，将根部吸收的水分、无机盐、叶片制造的有机物传到树冠内的枝叶上，并将叶片产生的光合产物输送到根部。主干还起到支撑作用。

3. 中心干

也叫中央领导干，指树冠中

的主干垂直延长部分。主要起维持树势和树形的作用。

4. 主枝

从中心干上分生出来的大枝条，是构成树冠的永久性枝。主枝分层分布，从下向上分为第一层主枝、第二层主枝等。

5. 侧枝

着生在主枝上的枝。侧枝是枝组着生的部位，一般分布在主枝的两侧。主枝上从主干向外分别为第一侧枝、第二侧枝。

6. 骨干枝

构成果树树冠骨架的永久性大枝，包括中心干、主枝、侧枝。

7. 延长枝

各级骨干枝先端的延长部分。

8. 枝组

由结果枝和生长枝组成的一组枝条。枝组是具有两个以上分枝的枝群,是生长结果的基本单位,着生在主枝上,分为大、中、小三种。枝组在主枝上分布,背上和外围应以中、小型枝组为主,两侧及背下中、大型枝可多一些。枝组是果树生长和结果的基本单位,培养良好的枝组是丰产的基础,调整枝组布局是连年丰产、优质、延长盛果期的关键。做到树冠上稀下密,外疏内密,有利于通风透光。

/ 第二节 /

整形修剪目的

一、整形、修剪的概念

1. 整形

是指从苹果幼树定植后开始，把每一株树都剪成既符合其生长结果特性，又适应于不同栽植方式、便于田间管理的树形，直到树体的经济寿命结束，这一过程叫整形。苹果树整形的任务是确定主干高度，骨干枝数量，主枝角度、伸展方向，见图1-2。

整形的主要内容包括以下三

图1-2 整形后苹果树

1—主干高度；2—主枝角度；3—骨干枝数量

方面：

（1）主干高低的确定 主干是指从地面开始到第一主枝的分枝处的高度。主干的高低和树体的生长速度、增粗速度呈反相关关系。栽培生产中，应根据苹果建园地点的土层厚度、土壤肥力、土壤质地、灌溉条件、栽植密度、生长期温度高低、管理水平等方面进行综合考虑。一般情况下，有利于树体生长的因素越多，定干可高些，反之则低些。

（2）骨干枝的数目、长短、间隔距离　骨干枝是指构成树体骨架的大枝（主枝和大的侧枝），选留的原则是：在能满足占满空间的前提下，大枝越少越好，修剪上真正做到大枝亮堂堂、小枝闹攘攘。

（3）主枝的伸展方向和开张角度的确定　主枝尽量向行间延伸，避免向株间方向延伸，以免造成郁闭和交叉，主枝的开张角度应根据密度来确定，密度越大，开张角度应该加大，密度小则角度应小，目的是有利于控制树冠的大小。

2. 修剪

修剪就是在整形过程中和完成整形后，为了维持良好的树体结构，使其保持最佳的结果状态，每年都要对树冠内的枝条进行处理，冬季适度地进行疏除、短截和回缩，夏季采用拉枝、扭梢、摘心等技术措施，以便在一定形状的树冠上，使其枝组之间新旧更替，结果不绝，直到树体衰老不能再更新为止，这就叫修剪，见图1-3、图1-4。

二、整形修剪的目的

整形修剪是苹果树生产上一项重要的管理技术之一。整形修剪能调节枝梢生长量和结果

图1-3 苹果幼树背上枝修剪（疏枝）

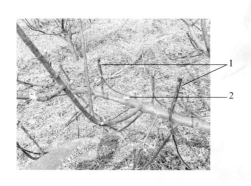

图1-4 苹果幼树修剪后

1—扭梢处理后状态；2—背上枝疏枝后

部位，构建合理的树冠结构，改善树冠通风透光条件，有效利用光能，果树整形修剪的目的是为了使果树早结果、早丰产，延长其经济寿命，同时获得优质的果品，提高苹果树栽培的经济效益，使栽培管理更加方便省工。具体来说有以下几点。

1. 通过修剪完成果树的整形

果树通过修剪，使其有合理的干高，骨干枝分布均匀，伸展方向和着生角度适宜，主从关系明确，树冠骨架牢固，与栽培方式相适应，为丰产、稳产、优质打下良好的基础。同时通过修剪使树冠整齐一致，每个单株所占的空间相同，能经济地利用土地，并且便于田间的统一管理，见图1-5、图1-6。

2. 调节生长与结果的关系

果树生长与结果的矛盾是

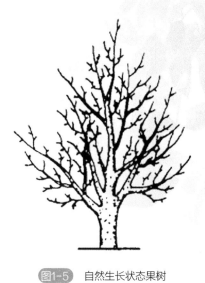

图1-5 自然生长状态果树

图1-6 整形修剪后果树

贯穿于其生命过程中的基本矛盾。从果树开始结果以后，生长与结果多年同时存在，相互制约，对立统一，在一定条件下可以相互转化，修剪主要是应用果树这一生物学特性，对不同树种、不同品种、不同树龄、不同生长势的树，适时、适度地做好这一转化工作，使生长与结果建立起相对的平衡关系，见图1-7、图1-8。

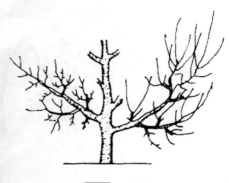

图1-7 调节前

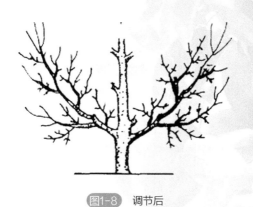

图1-8 调节后

3. 改善树冠光照状况，加强光合作用

果树所结果实中，90%～95%的有机物质都来自光合作用，因此要获得高产，必须从增加叶片数量、叶面积系数、延长光合作用时间和提高叶片光合率四个方面入手。整形修剪就是在很大程度上对上述因素发生直接或间接的影响。例如选择适宜的矮、小树冠，合理开张骨干枝角

度，适当减少大枝数量，降低树高，拉大层间距，控制好大枝组等。都有利于形成外稀里密、上疏下密、里外透光的良好结构，另外，可以结合枝条变向，调整枝条密度，改善局部或整体光照状况，从而使叶片光合作用效率提高，有利于成花和提高果实品质。见图1-9、图1-10。

4. 改善树体营养和水分状况，更新结果枝组，延长树体衰老

整形修剪对果树的一切影响，其根本原因都与改变树体内营养物质的产生、运输、分配和利用有直接关系。如重剪能提高枝条中水分含量，促进营养生

图1-9　修剪前光照状况

长，扭梢、环剥可以提高手术部位以上的碳水化合物含量，从而使碳氮比增加，有利于花芽形成。通过对结果枝的更新，做到"树老枝不老"。20多年生苹果树开花、结果状，见图1-11、图1-12。

无效区

第一章　整形修剪基础

17

图1-10 修剪后光照状况

图1-11 20多年生苹果树开花状

图1-12 科学修剪20多年生苹果树结果状

总之，整形与修剪可以对果树产生多方面的影响，不同的修剪方法、有不同的反应，因此，必须根据果树生长结果习性，因势利导，恰当灵活地应用修剪技术，使其在果树生产中发挥积极的主要。

第一章 整形修剪基础

修剪对果树的作用

修剪技术是一个广义的概念，不仅包括修剪，还包括许多作用于枝、芽的技术，如环剥、拉枝、扭梢、摘心、环刻等技术工作。

整形修剪应可调整树冠结构的形成，果园群体与果树个体以及个体各部分之间的关系。而其主要作用是调节果树生长与结果。

一、修剪对幼树的作用

修剪对幼树的作用可以概括成8个字：整体控制，局部促进。

1. 局部促进作用

修剪后，可使剪口附近的新梢生长旺盛，叶片大，色泽浓绿。原因有以下几点。

（1）新梢生长旺，叶片大　修剪后，由于去掉了一部分枝芽，使留下来的分生组织，如芽、形成层，得到的树体储藏养分相对增多。根系、主干、大枝是储藏营养的器官，修剪时对这些器官没影响，剪掉一部分枝后，使储藏养分与剪后分生组织的比例增大，碳氮比及矿质元素供给增加，同时根冠比加大，所以新梢生长旺，叶片大。

（2）修剪后改变了新梢的含水量　据研究，修剪树的新梢、结果枝、果台枝的含水量都有所增加，未结果的幼树水分增加的更多，水分改善的原因有：①根冠比加大，总叶面积相对减少，蒸腾量减少，生长前期最明显；②水分的输导组织有所改善，因为不同枝条中输导组织不同，导水能力也不同，短枝中有网状和孔状导管，导水力差，剪后短枝减少，全树水分供应可以改善；长枝有环纹或螺纹导管，导水能力强，但上部导水能力差，剪掉枝条上部可以改善水分供应；因此在干旱地区或干旱年份修剪应稍重一些，可以提高果树的抗旱能力。

（3）修剪后枝条中促进生长的激素增加　据测定，修剪后的枝条内细胞激动素的活性比不修剪的高90%，生长素高60%，这些激素的增加，主要出现在生长季，从而促进新梢的生长。

2. 整体抑制作用

修剪可以使全树生长受到抑制，表现为总叶面积减少，树冠、根系分布范围减少，修剪越重，抑制作用越明显。其原因如下。

（1）剪去了一部分同化养分　一亩苹果修剪后，剪去纯氮3千克，磷0.867千克，钾2.5千克，相当于全年吸收量的5%～7%，很多碳水化合物被剪掉了。

（2）剪掉了大量生长点　修剪时剪掉了大量的生长点，使新梢数量减少，因此叶片减少，碳水化合物合成减少，影响根系的生长，由于根系生长量变小，从而抑制地上部生长。

（3）伤口的影响　修剪后伤口愈合需要营养物质和水分，因此对树体有抑制作用，修剪量愈大，伤口愈多，抑制作用越明显。所以，修剪时应尽量减少或减小伤口面积。

修剪对幼树的抑制作用也因不同地区而有差异，生长季长的地区抑制作用较轻，反之较重。

二、修剪对成年树的作用

1. 成年树的特点

成年树的特点是枝条分生级次增多，水分、养分输导能力减弱，加以生长点多，叶面积增加，水分蒸腾量大，水分状况不如幼树。由于大部分养分用于花芽的形成和结果，使营养生长变弱，生长和结果失去平衡，营养不足时，会造成大量落花落果，产量不稳定，优势会形成"大小年"。

此外成年树易形成过量花芽，过多的无效花和幼果白白消耗树体储藏营养，使营养生长减弱，随着树龄增长，树冠内出现秃壳现象，结果部位外移，坐果率降低，产量和品质降低，抗逆性下降。

2. 修剪的作用

修剪的作用主要表现在以下方面。

（1）使树体健壮，实现连年丰产　通过修剪可以把衰弱的枝条和细弱的结果枝疏掉或更新，改善了分生组织与储藏养分的比例，同时配合营养枝短截，这样改善水分输导状况，增加了营养生长势力，起到了更新的作用，使营养枝增多，结果枝减少，光照条件得到改善，所以成年树的修剪更多地表现为促进营养生长，提高果树生长和结果的平衡关系，因此，连年修剪可以使树体健壮，实现连年丰产的目的。合理修剪苹果树优质丰产结果状，见图1-13。

（2）延迟树体衰老　利用修剪经常更新复壮枝组，可防止秃裸，延迟衰老，对衰老树用重回缩修剪配合肥水管理，能使其更

图1-13　合理修剪盛果期苹果大树优质丰

产结果状

新复壮，延长其经济寿命。

（3）提高坐果率，增大果实体积，改善果实品质　这种作用对水肥不足的树更明显。而在水肥充足的树上修剪过重，营养生长过旺，会降低坐果率，果实变小，品质下降。修剪对成年树的影响时间较长，因为成年树中，树干、根系储藏营养多，对根冠比的平衡需要的时间长。

第一章　整形修剪基础

27

苹果树生长
结果习性

一、根系特性

根系是苹果树赖以生存的基础，是果树的重要地下器官。根系的数量、粗度、质量、分布深浅、活动能力强弱，直接影响苹果树地上部的枝条生长、叶片大小、花芽分化、坐果、产量和品质。土壤的改良、松土、施肥、灌水等重要果树管理措施，都是为了给根系生长发育创造良好的条件，以增强根系生长和代谢活动、调节树体上下部平衡、协调生长，从而实现苹果树丰产、优质、高效的生产目的。我们常说的"根本"一词就是说"根"才是树的"本"，是苹果树地上部生长的基础，根系生长正常与否都能从地上部的生长状态上充分表现出来。

1. 根系的功能

根是苹果树重要的营养器官，根系发育的好坏对地上部生长结果有重要影响。根系有固定、吸收、输导、合成、储藏、繁殖6大功能。

（1）固定　根系深入地下，既有水平分布又有垂直分布，具有固定树体、抗倒伏的作用。

（2）吸收　根系能吸收土壤中的水分和许多矿物质元素。

（3）储藏营养　根系具有储藏营养的功能，苹果树第二年春季萌芽、展叶、开花、坐果、新梢生长等所需要的营养物质，都是由上一年秋季落叶前，叶片制造的营养物质，通过树体的韧皮部向下输送到根系内储藏起来，供应树体地上部第二年开始生长时利用的。

（4）合成　根系是合成多种有机化合物的场所，根毛从土壤中吸收到的铵盐、硝酸盐，在根内转化为氨基酸、酰胺等，然后运往地上部，供各个器官（花、果、叶等）正常生长发育的需要。根还能合成某些特殊物质，如激素（细胞分裂素、生长素）和其他生理活性物质，对地上部生长起调节作用。

（5）输导作用　根系吸收的水分和矿质营养元素需通过输导根的作用，运输到地上部供应各器官的生长和发育需要。

（6）有萌蘖更新、形成新的独立植株的能力

2. 根系的结构

苹果树多采用嫁接栽培，栽培优良品种苗木，砧木为实生苗，根系为实生根系。苹果树的根系由主根、侧根和须根组成，见图1-14。无性繁殖的植株无主根。

（1）主根　由种子胚根发育而成。种子萌发时，胚根最先突破种皮，向下生长而形成的根就是主根。主根生长很快，一般垂直插入土壤，成为早期吸收水肥

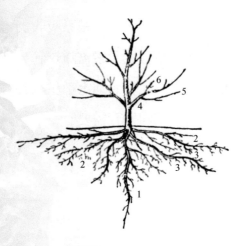

图1-14 果树根系结构图

1—主根；2—侧根；3—须根；4—主枝；

5—侧枝；6—枝组

和固着的器官。

（2）侧根　是在主根上面着生的各级较粗大的水平分枝。侧根与主根有一定角度，沿地表方向生长。侧根与主根共同承担固着、吸收及储藏等功能。主根和侧根统称骨干根。

（3）须根　在侧根上形成的较细（一般直径小于2.5毫米）的根系。苹果的须根为褐色或淡褐色。须根的先端为根毛，是直接从土壤中吸收水分和养分的器官。须根是根系的最活跃的部位。

须根按形态结构及功能分为四类（见图1-15）：

① 生长根　在根系生长期间，须根上长出许多比着生部位还粗的白色、饱满的小根为生长根。生长根的功能是促进根系向新土层推进，延长和扩大根系分布范围及形成侧分枝-吸收根。苹果的生长根的直径平均1.25毫米，长度在2～20厘米之间。

② 吸收根　比着生的须根

图1-15　苹果的须根

1—根冠；2—生长根；3—吸收根；

4—过渡根；5—输导根

细的是吸收根。其长度小于2厘

米，寿命短，一般只有15～25

天，在未形成次生组织之前就已死亡。苹果的吸收根平均直径为0.62毫米。

吸收根的功能是从土壤中吸收水分和矿物质，并将其转化为有机物。在根系生长最好时期，数目可占植株根系的90%或更多。吸收根的多少与果树营养状况关系极为密切。

吸收根在生长后期由白色转为浅灰色成为过渡根，而后经一定时间自疏而死亡。

③ 过渡根　主要由吸收根转化而来，其部分可转变成输导根，部分随生长发育死亡。

④ 输导根　生长根经过一定时间生长后颜色转深，变为过渡根，再进一步发育成具有次生结构的输导根。它的功能是输导

水分和营养物质，起固地作用，还具有吸收能力。

⑤ 根毛　为果树根系吸收养分，水分的主要部位。在苹果的吸收区每平方毫米表面有根毛300条。根毛的寿命很短，一般在几天或几个星期内随着吸收根的死亡及生长根的木栓化而死亡。

3. 根系生长的特点

（1）苹果树根系在一年中没有自然休眠现象　只要外界环境条件合适，一年四季都能生长，或由停止生长状态迅速恢复到生长状态。

（2）根系生长温度　苹果根系在土壤温度高于5℃时，开始生长，7℃以上生长加快，

20～27℃生长最好，高于30℃时，根系生长减慢直至停止生长。

（3）根系年生长动态　根系生长高峰与地上部枝梢、果实生长高峰呈负相关关系，也就是说根系生长和地上部器官生长的高峰交错发生。这一现象可以为我们适时施肥提供科学依据。在一年中，苹果根系一般有2～3个生长高峰：土壤解冻后至萌芽开花前，新梢停长后到果实迅速膨大前；采果后至落叶前。

红富士苹果根系在一年内有三次生长高峰，第一次是3月中旬到4月下旬，第二次在6月底到7月初，第三次在10月到11月。

根系生长的周期性主要依赖于枝梢生长和果实的负荷量。

根、梢生长相互促进，又相互矛盾，新梢生长与根系竞争养分，过度的新梢旺长将降低新根的发生，但根系特别是生长根的发生又需要幼叶茎尖产生的吲哚乙酸（IAA）刺激。超负荷降低了往下输送的光合产物，也因有限的秋梢生长而减少了IAA向基运输。超负荷、早期落叶不仅影响秋根的生长，还使翌年春季新根发生量少而晚。

4. 根系的分布

（1）水平分布　据观察，根系的水平分布，幼树海棠砧为冠径的1.8～2.2倍，山定子砧木为冠径的1.4～1.7倍。随着树冠的扩大，根系逐渐向外延伸，一般定植后根系的水平分布直径第二年就超过树冠，成年时为树冠的3～5倍。到了8～10年，树与树之间的根已互相交接。

苹果根系的水平扩展范围为树冠直径的1.5～3倍，其中80%以上的根系分布于树冠边缘以内的范围内，直径小于1毫米的细根和吸收根集中分布于树冠边缘的正下方。

（2）垂直分布　向下生长的根，主要来源于水平根的向下分枝。分布的深浅与立地的土层厚度、土壤的质地和地下水位的高低、砧木种类有关，土层厚根系分布就深，土层薄根系分布就浅；沙质土壤深些，黏质土壤浅些；打下水位高，根系分布浅，反之则深些。乔化砧木垂直根系深，矮化砧木或矮化中间砧木垂直根系浅而且少，固地性较差，一般栽培时需立支柱，防止倒伏。一般定植3年后超过1.5米，成年后为冠幅的2.0米以上。大部分地区乔砧苹果根系多集中在20～60厘米之间，矮砧苹果根系多集中在40厘米之内。

5. 根的再生能力

根的再生能力与砧木种类、根径粗细、土壤条件有关，直径大于1厘米的粗根，切断后发根难。施肥时，最好不要挖断太多的大根。土壤过干、过湿、通气不良，根再生能力降低。

6. 影响果树根系吸收养分的环境因素

果树主要通过根系从土壤中吸收矿质养分。土壤和其他环境因子对养分的吸收及地上部的运移有显著的影响。

（1）土壤温度　根系生长和吸收养分都对土壤温度有一定的要求。土壤温度在15～25℃较适宜各种果树根系的生长，而吸收养分较适宜的温度范围为0～30℃，此温度范围内，根系吸收养分的速度随温度的升高而增加。温度过高（超过40℃），会使果树根系老化，引起体内酶活性降低，也会降低根系吸收养分的能力；温度过低时、根系吸水能力显著下降，阻碍树体的正常生长发育，降低根系吸收养分的活性。

（2）土壤水分　水分是果树正常生长发育和开花结果的必要条件。土壤含水量对根系吸收养分的影响很大。土壤水分过少或过多会使果树遭受旱害或涝害，不利于果树根系对养分的吸收。苹果对磷钾的吸收受雨量的影响较大，如当田间持水量为10%、40%和70%时，苹果叶片中的钾相对浓度分别为1.11%、1.31%和1.60%。

（3）土壤通气状况　土壤通气良好，根部供氧充足，对根系的正常发育十分重要。在土壤缺氧条件下，果树叶片内的氮、磷、钾、钙、镁、锌、锰与铜的浓度降低。

（4）土壤pH　土壤pH影响根系的生长发育，还影响土壤中养分的有效性。在pH值大于8.0的石灰性土壤上，因铁、锌、硼等微量元素的有效性低而诱发果树失绿黄化症及小叶病等；在酸性土壤上，由于H^+浓度高而抑制果树对Ca^{2+}、Mg^{2+}等阳离子的吸收，从而表现出典型的生理缺素症。

（5）不同的品种、砧穗组合对果树根系矿质养分吸收的影响也很大。

二、芽的特性

苹果树的芽是叶、枝或花的原始体，是枝或花在形成过程中的临时性器官，是苹果树开花结果、长成枝干和树冠的基础。了解芽的生长发育的特性非常重要。

1. 芽的组成

（1）叶芽　萌芽后只抽生

枝叶的芽称为叶芽，见图1-16、图1-17。叶芽着生在枝条的顶端

图1-16 叶芽

图1-17 叶芽解剖图

苹果树合理整形修剪图解

44

（顶生）或侧面（侧生）。

① 叶芽的组成　苹果的叶芽从外观上看比较瘦小，外面有鳞片包被着，鳞片上绒毛多而密，芽鳞内有一个具有中轴的胚状枝，是芽内生的枝叶原始体。叶芽萌发生长，芽鳞脱落，留有鳞痕，成为枝条基部的环痕。环痕内的薄壁细胞组织是以后形成不定芽的基础之一。

芽鳞片的多少、内生胚状枝的节数表示芽的充实饱满程度。一般充实饱满的苹果芽常有鳞片6～7片，内生叶原始体7～8个，丰产稳产植株壮枝上的壮芽可达13片叶原始体。劣质芽外观瘦瘪、仅有少量鳞片和生长锥、没有或仅1～2片叶原始体。

② 叶芽的萌发　当春季日

夜平均温度10℃左右时，叶芽即开始萌动，长成枝条。一般金冠、红星萌芽温度为10℃，富士为12℃。

品种不同，芽萌发力和成枝力的强弱有差异。如新红星萌芽力强，成枝力弱；富士萌芽力、成枝力均强。萌发力弱的品种形成的潜伏芽数量多，潜伏芽的寿命也较长，早熟品种如辽伏、早捷、贝拉，其芽具有早熟性，相对的更容易形成花芽，植株开始结果年龄早。

（2）花芽　苹果树的花芽为混合花芽，见图1-18～图1-20，既在一个芽内有花芽原基，又有叶芽原基。苹果的花芽从外观上看比较饱满，近圆形，外面有鳞片包被着，鳞片上绒毛少，鳞

苹果树合理整形修剪图解

图1-18　腋花芽

图1-19　顶花芽

图1-20 花芽解剖图

片发亮。第二年春季萌芽后长出花序和枝条，苹果的花序为伞房花序，一般有六朵花，一朵为中心花，五朵为边花，以中心花最好，坐果率高，果实形状好，栽培生产中尽量多保留中心花或中心果。每个花芽萌发后，在开花结果的同时，抽生一至两个新梢，叫作"果台副梢"，同时着生着果实和副梢的部位逐渐膨大，形成一个平台，叫作

"果台"。

2. 芽的特性

（1）芽鳞痕与潜伏芽　春季萌发之前雏梢已经形成，萌芽和抽枝主要是节间延长和叶片扩大，芽鳞体积基本不变并随着枝轴的延长而脱落，在每个新梢基部留下一圈由许多新月形构成的芽鳞痕。可依据它来判断枝的年龄。每个芽鳞痕和过渡性叶的腋间都含有一个弱分化的芽原基，从枝的外部又看不到它的形态，成为潜伏芽。在春梢和秋梢的交界部位有1～3节的叶腋中没有（隐）芽，叫盲节。

（2）芽的异质性　同一枝条上不同部位的芽在发育过程中由于所处的环境条件不同以及枝条

内部营养状况的差异，造成芽的生长势以及其他特性的差别称为芽的异质性。如枝条基部的芽发生在早春，此时正处于生长开始阶段叶面积小，气温又低，故芽的发育程度低，常形成瘪芽或隐芽。其后气温升高，叶面积增大，光合作用增强，芽的发育状况也改善，至枝条缓慢生长期后，叶片合成并积累大量养分，这时形成的芽极为充实饱满。

芽质量常用芽饱满程度表示，即饱满芽、半饱满芽、盲芽（瘪芽）等，见图1-21。芽的质量直接关系到芽的萌发和萌发后新梢生长的强弱。一般是饱满芽萌发壮枝，半饱满芽发枝较弱，盲芽（瘪芽）不萌发。这是修剪的理论依据之一。

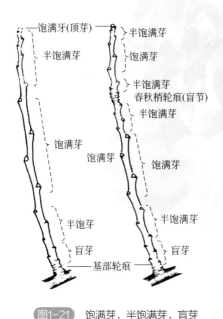

饱满牙(顶芽)　　半饱满芽

半饱满芽　　饱满芽

半饱满芽
春秋梢轮痕(盲节)

半饱满芽

饱满芽　　饱满芽

饱满芽

半饱芽　　半饱满芽

盲芽　　盲芽

基部轮痕

图1-21 饱满芽，半饱满芽，盲芽

（引自：雷颖等，《苹果树整形修剪实用图谱》，

2012）

（3）萌芽力 一年生枝上的叶芽萌发成枝梢的能力（见图1-22～图1-24）。萌芽率是指一年生枝上芽的萌发百分数。萌芽率高萌芽力强，萌芽率低则萌芽力弱。苹果短枝型品种萌芽率明显

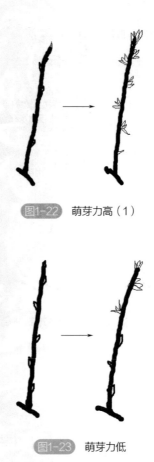

图1-22 萌芽力高（1）

图1-23 萌芽力低

高于长枝型品种，有利于形成花
芽和结果。

（4）成枝力 一年生枝上
的叶芽萌发长成长枝（30厘米）

萌芽力高（2）

的能力（见图1-25～图1-28）。
一年生枝上的叶芽萌发长成长枝
（30厘米）的百分数称成枝率。
主要用于修剪方案的制定。

（5）芽的潜伏力　果树进入
衰老期后，能由潜伏芽（即隐
芽）发生新梢的能力称芽的潜伏

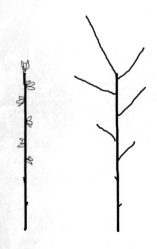

图1-25 萌芽力高，成枝力高

图1-26 萌芽力低，成枝力低

图1-27 萌芽力高，成枝力低

图1-28 苹果（中秋王）枝条萌芽力高，成

枝力低

力，见图1-29。冬季修剪和树形改造时可以加以利用，进行老枝更新。

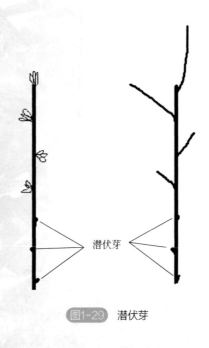

潜伏芽

图1-29 潜伏芽

（6）顶端优势　顶端优势表现为枝条上部的芽萌发后生长强，能形成新梢，愈向下生长势愈弱，最下部芽常不萌发而处于休眠状态。枝条越直立，顶端优势现象越明显。斜生枝、水平枝、下垂枝顶端优势现象依次减弱。芽的垂直部位越高，萌发成枝力越强的现象称垂直优势。此现象在下垂枝上表现最为明显。在下垂枝上，萌发势力最强的是垂直位置最高的芽，萌发势力最弱的是垂直位置最低的芽（见图1-30）。

图1-30　顶端优势与垂直优势

1—直立；2—斜生；3—平生；4—部分下垂

（7）**垂直优势**　枝条与芽的着生方位不同，生长势表现很大差异。直立生长的枝条生长势旺，枝条长，接近水平或下垂的枝条，则生长短而弱，而枝条弯曲部位的芽其生长势超过顶端，这种因枝条着生方位不同而出现强弱变化的现象在果树栽培上称垂直优势。形成垂直优势的原因除与外界环境条件有关外，激素含量的差别也有关系。根据这个特点可以通过改变枝芽生长方向来调节枝条的生长势（见图1-30）。

（8）层性　由于顶端优势和芽的异质性，使新萌的枝条多集中在上部，即一年一层向上生长，形成枝条的层状分布状态，这种现象叫层性。利用层性培养分层树形和枝组符合自然生长规律，有利于通风透光和提高果品质量。

三、枝的特性

一年生枝按性质分为结果枝、营养枝。

1. 营养枝

指只着生叶芽，萌发后只长叶不开花的枝。

（1）按生育状况分 一年生枝营养枝按生育状况不同又分为发育枝、竞争枝、徒长枝、细弱枝、叶丛枝等（见图1-31）。

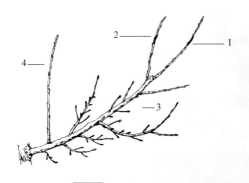

图1-31 营养枝的类型

1—发育枝；2—竞争枝；3—细弱枝；4—徒长枝

① 发育枝　生长健壮，组织充实，芽饱满，可作为果树骨干枝的延长枝，促使树冠迅速扩大。

② 竞争枝　发育枝后部第一枝，生长比较旺盛，容易和发育枝形成竞争。修剪时注意及时控制或疏除。

③ 徒长枝　由多年生枝上的隐芽萌发而成，多位于树冠内膛，由于见光少，造成直立旺长，节间长，停长晚，常导致树冠郁闭，并消耗大量水分和养分，影响果树生长和结果。

④ 细弱枝　枝条短而细，芽和叶少且小，组织不充实，多发生在树冠内部和下部。

⑤ 叶丛枝　节间极短，许多叶丛生在一起，多发生在发育枝的中下部。若光照充足，营养

条件良好，则部分叶丛枝可转化为结果枝。

（2）**按长短分**　一年生枝按长短分为叶丛枝（0.5厘米以下）、短枝（0.5～5厘米）、中枝（5～15厘米）、长枝（15～30厘米）、发育枝（30厘米以上）。

①　叶丛枝　节间极短，许多叶丛生在一起，多发生在发育枝的中下部。

②　发育枝　生长健壮，组织充实，芽饱满，可作为果树骨干枝的延长枝。

③　长枝　长枝（见图1-32）枝条生长量大，有强的激素合成和竞争营养物质的能力，建造消耗大，建造期长（一般90天，长者可达120天），光合强度前期低后期高，光合产物主要到新

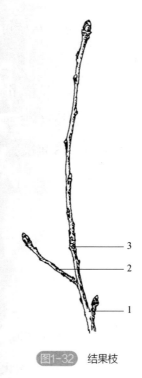

梢停长后才大量输出，供应期短。但长枝的光合产物可以运往枝、干、根中，起到养根、养干的作用，并能向根系提供激素活性物质，对树体具有整体性的调

控作用。

长枝对营养物质分配有较大的竞争力和支配力，当树冠中长枝过多时，常造成根梢（长枝）两极竞相建造，树体旺长，中短枝得到营养物质少，瘦弱，不易成花。但长枝过少或无长枝，树体的整体物质交换能力弱而导致树体衰老，新根发生受影响。树冠中要保持一定量的长枝，以保证营养的合理分配，成年树长枝以3%～8%为宜。

④ 中枝 只有春梢（包括芽内叶和芽外叶）无秋梢，有明显顶芽的枝条。这类枝只有一次生长，功能较强，其影响范围较短枝大而较长枝小，有的可以当年形成花芽而转化为果枝。

⑤ 短枝 由芽内叶原始体一

第一章 整形修剪基础

63

次性展开形成的枝条。它建造时间短而积累时间长，但后期光合强度小于长枝，而且光合产物基本自留而不外运，无养根、养干的作用。短枝是成花的基本枝类，凡具有4片以上大叶的短枝极易成花，无大叶的短枝顶芽瘦弱，多不能成花。树冠中维持40%左右、具有3～4片大叶的短枝，是保持连续稳定结果的基础。

2. 结果枝

结果枝指其上着生花芽、萌发后开花结果的枝，简称果枝（图1-32）。苹果的花芽多为顶花芽，也可以形成腋花芽，一般可分为长果枝、中果枝、短果枝。短果枝可抽生果台枝，多个短果枝形成短果枝群。

① 长果枝　15厘米以上，顶芽为花芽，上部侧芽（腋芽）具有一定的萌发能力。

② 中果枝　5～15厘米，顶芽为花芽，有明显的侧芽，但不萌发。

③ 短果枝　5厘米以下，顶芽为花芽，侧芽较少或不明显。

果台枝：也叫果台副梢。苹果花芽萌发后，先抽生短枝，在其上开花结果，短枝膨大，成为果台，在果台上萌发的枝叫果台枝，见图1-33～图1-37。

短果枝群：苹果短枝的侧芽发育差，一般情况不分枝，但开花后果台上有时发生2个果台枝，形成了分枝。由果台枝分叉形成的一群短果枝，成为短果枝群。

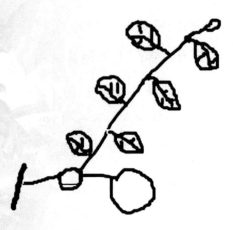

图1-33　果台及果台副梢（夏季）

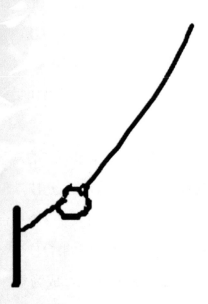

图1-34　果台及果台副梢（冬季）

图1-35　短果枝组

图1-36　果台及果台副梢

图1-37　果台及果台副梢

苹果树不论幼树或成年树，除少数品种外，一般都以短果枝结果为主。一般多为5片以上大叶短枝上的发育充实的优质顶芽，易转化成花芽。成花难易因品种而异，一般健旺的长梢要3～4年才能结果，所以幼树提早结果必须轻剪长放。

3. 枝的生长特性

（1）枝条的生长特性　苹果叶芽萌发成新梢。新梢生长的强度，因树龄、品种和栽培技术的差异而不同。一般幼树期及结果初期的树，新梢生长强度大，为80～120厘米；盛果期其生长势显著减弱，一般为30～60厘米；盛果末期新梢生长长度更短，一般在20厘米左右。

大部分苹果产区新梢有两次明显的生长，第一次生长的称为春梢，第二次延长生长的称为秋梢，春、秋梢交界处形成明显的盲节。当年的腋叶间形成的芽当年萌发，长成的新梢叫副梢。见图1-38、图1-39。

自然降水少，且春旱、秋雨多的地区，春季无灌溉条件的果园，春梢短而秋梢长，且不充实，对苹果的生长发育极为不利。

（2）枝条年生长动态　枝条

图1-38　新梢（1）

1—春梢；2—秋梢；3—副梢

图1-39　新梢（2）

1—秋梢；2—春、秋梢交界处；3—春梢

的生长分加长生长和加粗生长两种方式。但二者不同时进行，一般春季萌芽后，随着温度的逐渐升高，加长生长迅速，秋季慢下来；但此时加粗生长加快，直到落叶后结束。

（3）影响枝生长的因素 影响枝生长的因素包括品种、砧木、有机养分、内源激素、环境条件、苹果的枝芽异质性、顶端优势、枝芽的方位等是影响新梢生长发育强度的主要因素，新梢的加长、加粗生长都受这上述因素的制约。

四、花芽分化

1. 概念

花芽分化是指由叶芽的生理

和组织状态转化为花芽的生理和
组织状态的过程。

2. 花芽分化需要的条件

（1）树体营养水平　花芽分
化是由叶芽转变为花芽的质变过
程，需要消耗大量的营养物质才
能完成，包括叶片制造的有机营
养和土壤施用矿质营养两部分。
因此，充足的营养物质积累才能
保证花芽分化正常进行。如果营
养不足，花芽分化少或分化不能
彻底完成。

（2）温度　30℃以上的高
温和20℃以下的低温都会影响
花芽分化。夏至前后，平均气温
24℃左右最有利于开始花芽分
化，但花芽分化后期，需一定的
低温（7.2℃以下）才能彻底完

苹果树合理整形修剪图解

成花芽分化整个过程，苹果大约需要1400小时。

（3）光照　光是光合作用的能源，光照不足，光合速率低，树体营养水平差，花芽分化不良；光照强光合速率高，同时光照强可破坏新梢叶片合成的生长素，新梢生长受到抑制，有利于花芽分化。一般光照<30%自然光时叶片变成寄生叶，花芽难以形成。

（4）水分　花芽分化期适度的短期控水，可促进花芽分化（田间持水量的50%左右）。因为适度干旱能抑制新梢生长，有利于光合产物的积累，提高细胞液的营养浓度，从而利于花芽分化。

（5）碳氮比　科学实验证

明，当叶芽内碳氮比达到一定的比例时，花芽分化开始进行。比值越高，越有利于花芽分化，反之比例越低，对花芽分化越不利。在栽培生产中，适度控制氮肥的用量，增加叶片的数量，提高糖分（碳）的积累，对促进花芽分化的数量和花芽质量，具有十分显著的效果。

3. 苹果的花芽分化时期

苹果的花芽是混合花芽，一般着生在短、中枝的顶端，有些品种长梢上部的侧芽也可形成花芽。不论哪种情况，花芽均在枝条停止生长后才开始分化，所以短果枝分化得最早，而中、长果枝则生长停止迟、分化晚，顶芽则比侧芽分化早。

苹果的花芽分化可分为生理分化期、形态分化期和性细胞形成期。

（1）生理分化期　在适宜条件下，芽生长点由叶芽向花芽方向质变的过程。新梢停止生长以后营养物质开始积累，有利于成花激素物质的产生，即开始芽内的生理分化过程，苹果生理分化的集中期在6月上旬至7月。

（2）形态分化期　生理分化后1～7周出现形态分化，见图1-40。通常分6个时期：

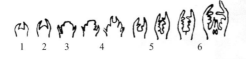

图1-40　苹果花芽分化过程模式图

1—叶芽期；2—分化初期；3—萼片形成；

4—花瓣形成；5—雄蕊形成；6—雌蕊形成

① 叶芽期　未分化的生长点，生长点平滑、不突出，有形态一致的原生分生组织。

② 分化初期　生长点肥大、高起，呈扁圆形，形成花序原基。

③ 萼片形成期　花蕾原基的顶部先变平，后凹入，其四周突起，形成萼片原基。

④ 花瓣形成期　萼片内侧基部突起，形成花瓣原基。

⑤ 雄蕊形成期　花瓣内方基部发生突起，形成雄蕊原基。

⑥ 雌蕊形成期　花器底部中央发生突起，形成雌蕊原基。

（3）性细胞形成期　冬季花芽进入休眠期后，虽然形态上的变化不明显，但其内部仍然进行生理生化的变化。进入冬眠的花芽要经过一定时间的适当低温，春天才能正常萌芽开花。

主要是雄蕊孢原组织向花粉母细胞发育，形成花粉粒；雌蕊中的胚珠形成孢原细胞，在开花前形成胚囊，几天之后花即开放。这些过程的进行都是依靠树体内前一年积累的营养物质。因此，春季树体内有足够的储藏营养，对花器的继续发育有直接的作用，也影响到开花、坐果、果实大小和产量的高低。

4. 促进花芽分化的技术措施

（1）增加树体营养水平　树体的营养基础是影响花芽分化的重要因素，增施肥料有利于提高光合效能、增加树体营养积累，但必须根据果树的需肥特点及土壤状况做到科学合理施肥。 基肥应在果实采收后施入。氮肥多在生长前期追施，花芽分化期控制施用。

（2）防治病虫害　加强果树叶片病虫害的综合防治，可最大程度减少对叶片的伤害，促进叶片光合作用，保证树体健壮生长，在保证当年果实产量的同时，为花芽分化供给充足的养分，打好来年高产基础。

（3）合理调节负载量　合理调节负载量是确保使每一个果实有一定数目的叶片，具体做法是在搞好花前复剪的基础上进行适量的疏花疏果。一般按20厘米间距留1个花序，将多余的花序、畸形花序、弱花序去掉。为节省营养、恢复树势，疏果时按

苹果树合理整形修剪图解

78

平均距离20厘米留1个果，或按22个叶片留一个果即可。

（4）改善光照条件 树冠郁闭的果园，应加大骨干枝角度，对徒长枝、背上密生枝和密挤辅养枝及时清除，减少枝量，改善通风透光条件，促进花芽分化。

（5）及时控水 在花芽分化开始期，适度地短期对果园土壤进行控水，有利于促进花芽分化。

（6）促进根系生长 通过促进根系生长达到促进枝叶生长的目的，使其尽快形成较大的光合面积，提高有机物质生产率，对促进花芽分化具有重要的作用。

（7）采取促花措施

① 加强夏剪工作 春季刻芽，促发短枝，夏季扭梢、拿枝，改变枝条生长状态，使木质

部受伤，阻止养分的输送，提高春梢顶芽内部的碳氮积累水平，抑制新梢旺长，利于营养积累，促进成花和枝条充实；将生长旺盛的直立枝条拉平，削弱顶端优势，控制营养生长，扭转养分代谢方向，促进花芽分化。

② 喷PBO等生长抑制剂 5月下旬到6月中旬喷220倍PBO或500～1000倍多效唑，间隔一周，连续喷洒2～3次，可有效抑制新梢生长，促进营养物质的积累，有利于花芽分化。

③ 主干环剥 树势过旺时，可及时进行主干环剥，限制碳水化合物向根系运输，转而向芽内输送和积累，促花作用显著。可在5月底对进行环剥，宽度不超过主干直径的1/20。

五、开花与结果

开花结果习性是果树重要特性之一。苹果花芽为混合芽，多为顶生也有腋生，以短果枝结果为主，中长枝也能形成混合芽。花芽在初夏分化，翌春萌动开花，苹果为伞形总状花序一般有5～6朵花，中心花先开。苹果花序茎部有1～2个果台副梢。

1. 开花

花是由叶片演化而来。花比根、茎、叶、果实寿命短。花的一部分器官如花瓣、雄蕊、很快衰老，另一部分如子房和花托转化为果实。

苹果的花为两性花，雄蕊和雌蕊存在同一花朵中，由5枚花萼、5枚花瓣、多枚雄蕊和5个柱头构成。

储藏营养水平、温度与光照是影响花器开放的最关键的因素。营养足加之晴朗或高温时，开花早，开放整齐，花期短；营养积累少、阴雨低温则开花迟，花期长，花朵开放参差不齐。在一天之中，花的开放时间多在上午9时至下午3时。

花芽比叶芽含营养足，萌芽早。一般日平均气温达8℃以上，花芽即开始萌动，日平均气温16℃以上时，多数苹果品种进入花期。不同地区苹果开花期不同，主要与当地花前积温、花期气温有关。

花朵开放前需要一定时间的温度积累。与花前某一天温度高关系不大。苹果从花芽萌动到开花需要大于5℃的积温为190℃左右。

萌芽到落花所经历的时间，随品种、地区、环境条件而有不同，一般为25～30天。苹果单花开放寿命为2～6天，一个花序约6～10天，一棵树约12天。苹果开花要求的最适气温为18～22℃。同一花序中，中心花先开放。

2. 授粉、受精和结实

（1）授粉、受精　花粉从花药传导柱头上的过程，叫授粉。精核与卵核的融合称为受精。

苹果是异花授粉树种，是典型的虫媒花，主要靠访花昆虫和风的共同作用，才能充分授粉。

绝大多数品种自花不能结实，建园栽培时必需配置授粉树才能正常结果。

（2）结实　子房或子房及其附属部分发育成果实的现象，叫结实。

苹果多数品种自花结实率很低，建园时需配置授粉树。但不同品种的花粉发芽和花粉管生长的最适温度不同，一般为 15～24℃。苹果花粉管在常温下需48～72小时可达到胚囊，完成受精作用需1～2天。花前或花期晚霜影响产量，性器官发育程度越深，抗冻能力越低。盛开的花在-3.5～2.2℃就可能受冻。柱头在低温下最先受冻，花粉较耐低温。

3. 落花落果

苹果一般有1次落花和2次落果高峰。

第一次是落花，出现在开花后、子房尚未膨大时。落花的原因如下：

① 花芽质量差，发育不良，花器官（胚珠、花粉、柱头）败育或生命力低。

② 花朵没有完成授粉或受精过程，造成落花。

第二次是落果，出现在花后1～2周，幼果果柄逐渐变黄，造成果实脱落。主要原因为：授粉受精不充分，子房内产生激素不足，不能调运足够的营养物质，子房停止生长发育而脱落。

第三次落果出现在花后3～4周（5月下旬至6月上旬），又称六月落果。落果的原因为：同化营养物质不足、营养生长和生殖生长所需的养分分配不均引起，如储藏营养少，结果多，修剪太重，施氮肥过多，新梢旺长，营养消耗大，当年同化的营养物质主要运输到新梢，果实因营养不足而脱落。

某些品种在采果前1个月左右，出现"采前落果"现象，由某些品种特性决定，以红元帅、新红星系列品种表现较突出。栽培生产中常以采果前一个月叶面喷施百万分之五十的萘乙酸或其他生长类激素来解决采收前的落果问题。

六、果实的发育

1. 果实发育过程

从细胞学角度划分，果实的整个发育过程可分为前期的细胞分裂，增加果实内细胞的数量和后期的细胞膨大，增大体积两个阶段。

苹果果实的细胞分裂从开花前已经开始，到开花期暂时停止，授粉受精后继续进行，多数品种可一直延续到花后4～5周左右结束。

果实细胞膨大阶段的主要特征是细胞容积和细胞间隙不断膨大。在果实细胞膨大阶段，随着细胞容积和细胞间隙的增大，果实横径迅速增长，果实由长圆形变成椭圆形或近圆形。

苹果果实从开花后到果实成熟的整个发育和膨大过程呈现出一定的规律性：从开花坐果到花后40天左右，果实生长缓慢，重量和体积变化不大；从花后40天以后到成熟前一个月，这段时间果实一直在迅速膨大和发育，到采收前一个月逐渐慢下来，进入第二个缓慢生长期，直到成熟为止。如果把果实的体积或重量作为 Y 轴，把时间变化作为 X 轴，做成果实生长曲线。呈现单"S"形。

2. 果实大小

果实的大小是由果肉细胞数量和细胞体积决定的。凡是影响到前期细胞数量增加和后期细胞体积增大的内外界因素，都会对果实大小产生影响。

3. 果实形状

（1）果形指数　果形是苹果外观品质的重要标志之一，栽培生产上通常以果形指数（果实纵径与横径之比 L/D）来表示。

如果果形指数小于1，果实形状为扁圆形；果形指数等于1，果形为圆球形；果形指数大于1，果形为长圆形。

（2）影响果实形状的因素

① 果实内种子分布不均匀，有种子或种子较多的一面果肉厚，种子少或没有种子的一面果肉薄，使果实纵切面不对称，果实为畸形，影响果实外观。

② 同一植株上早开的花、

同一花序的中心花所形成的果实果形指数大。

③ 负载量过高，使果实变扁。

④ 花后气温凉爽湿润，有利于苹果纵径的伸长，但花后气温过低（＜15℃）时，不利于细胞分裂而使果实趋于扁形，夏、秋季节多雨则使果实横径增长较大，果形常易扁化。

4. 果实发育过程中内含物的变化

苹果果实的内含物主要有碳水化合物、果酸、蛋白质和脂肪、维生素、矿物质，色素及芳香物质等，这些成分随苹果发育而消长，到果实成熟时，表现出品种的固有性状。

5. 果实色泽发育

（1）苹果果皮的色泽发育

苹果果皮色泽分为底色和表色两种。果皮底色在果实未成熟时一般表现为深绿色。果实成熟时底色将出现以下3种情况：

① 绿色消褪，乃至完全消失，底色为黄色；

② 绿色不完全消褪，产生黄绿或绿黄底色；

③ 绿色完全不消褪，仍为深绿色。

果皮表色在果实成熟后，一般表现为不同程度的红色、绿色和黄色3种类型。

决定果实色泽的色素主要有叶绿素、胡萝卜素、花青素以及黄酮素等。果实发育过程中，在叶绿素开始分解时，胡萝卜素随之减少。但是，当果实中的叶绿素含量降至品种固有的水平时，到呼吸跃变前不久或者与之同时，胡萝卜素又会开始重新形成胡萝卜素及其他的黄色色素，如紫黄嘌呤等，是黄色品种果皮色泽之源。

花青素使果实呈现红色。苹果果皮中的花青素基本成分是花青素糖苷或称花青素苷，苹果表皮和下表皮中都含有花青素苷。在pH低时花青素苷呈红色，中性时呈淡紫色，碱性时呈蓝色。与不同金属离子结合时，也会呈现各种颜色，因而果实可表现为各种复杂的色彩。

（2）影响花青素形成的因素　除品种的遗传性外，果实中的糖含量是影响苹果花青素形成的主要因素。花青素是戊糖呼吸旺盛时形成的色素原；另外花青素还常与糖结合，形成花青素苷存在于果实中。花青素的发育与糖含量密切相关。任何影响糖合成和积累的因素均影响花青素的发育。较高的树体营养水平、合理负载以及适宜的磷、钾肥与氮肥比例和适当控水均有利于果实的红色发育。

温度对着色的影响也与糖分的积累有关。中晚熟苹果品种夜温在20℃以上时，不利于着色。元帅系苹果果实成熟期，日平均气温20℃、夜温15℃以下、日较差达10℃以上时，果实内糖分高，着色好。

光照除影响碳水化合物的

合成和糖分的积累外，还直接作用于花青素的合成。花青素生物合成必须有苯丙氨酸解氨酶（PAL）的触发，而PAL是光诱导酶。光质对着色影响很大，紫外光有利着色，因其可钝化生长素而诱导乙烯的形成。

6. 果实的成熟和采收

（1）果实适时采收标准　按果实的用途可分为以下3个时期。

① 可采成熟度　七成熟，指果实大小、形状、色泽等都达到了本品种的固有性状，但风味品质还没有充分体现出来，需经过一段时间的后熟才能食用。一般用于长期储藏或长距离运输的果实，可以在此时进行采收。

② 鲜食成熟度　九成熟，

指果实大小、形状、色泽等都达到了本品种的固有性状，且风味品质也充分体现出来，一般采摘后马上食用的果实可以在此期采收，但不适宜长期储藏或远距离运输。

③ 生理成熟度 十成熟，此期果实已经完全成熟，果肉变软，风味变淡，失去食用价值，一般用于采种的果实此期采收。

（2）判断苹果果实成熟度、确定适宜采收期的方法

主要有如下判断指标：

① 外观性状 果实大小、形状、色泽等都达到了本品种的固有性状。

② 生理指标 如果肉硬度、淀粉含量、含糖量、乙烯含量、呼吸强度等。

③ 果实的生长期　在一定的栽培条件下，苹果果实从落花到成熟都需要一定的生长天数，可由此来确定不同品种的采收期。

不同地区果实生长期间的积温不同，采收期会有所差异。另外，普通型和短枝型品种也有所不同，元帅系短枝型比普通型的采收期要晚5～7天。

七、落叶和休眠

1. 落叶

温度是影响落叶的主要因子，苹果树当昼夜平均温度低于10℃、日照缩短到10小时，即开始逐渐落叶。我国华北、西北苹果树落叶都在11月上旬，西南地区则在12月上旬，东北苹果产区落叶在10月下旬。

落叶原因：随温度降低，日照变短，叶片内产生的抑制生长的乙烯和脱落酸逐渐增多，原来叶片中生长素类激素逐渐减少，当叶片内前者含量大于后者含量时，叶柄基部细胞的叶绿素消失，细胞壁逐渐溶解，变黄并产生离层，叶片在重力的作用下脱落。

2. 休眠

苹果树是典型的温带果树，地上部分通过漫长的进化和自然选择，已经完全适应了温带气候变化的特点，秋季落叶后就逐渐进入冬季寒冷、漫长的冬季自然休眠期。苹果树通过自然休眠最适合的温度是3℃以下的低温，需60～70天，一般在12月至翌年1月末；或者在7℃以下的温度1400小时以上，才能通过休眠，翌年春正常萌芽开花。

虽然地上部进入休眠期，但花芽后期分化过程并没有停止，落叶前充足的储藏营养是完成花芽分化的前提和保证。同时地下部的根系没有自然休眠现象，只要土壤温度适宜，一直在进行生长和营养吸收。

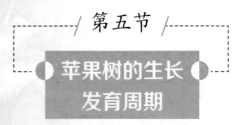

第五节

苹果树的生长发育周期

一、幼树期

苗木定植后，芽萌发生长

至开花结果。此期以营养生长为主，新梢生长旺盛，且生长量大，一般都在1米以上。各类枝条的生长形成树体骨架和将来结果的枝群，逐年扩大树冠，占据地上部的营养空间。同时，地下根系也迅速向土壤的深层和四周伸展，形成比树冠还要大的根系。一般乔化品种3～4年就开始结果，矮化砧嫁接品种和短枝型品种3年即可开花结果。

二、初果期

此期仍具有较强的生长势，整形任务尚未完成。从开始结果到大量结果，乔化品种一般历时5～6年，即从5～6年到11～12年生此期树冠仍在扩大，但树体骨架基本形成，有了大量结果枝，

第一章 整形修剪基础

产量不断增加。此期需继续扩大树冠，进行轻剪缓放，培养结果枝组，为稳产、丰产创造条件。

三、盛果期

盛果期树体不再扩大，树形基本稳定，外围新梢40～50厘米，树体大量结果。在良好管理盛果期可延续20～30年。此期需实行细致修剪，保证树势、结果部位、产量稳定。

四、衰老期

乔化苹果树40～50年后进入衰老期，此时新梢生长量很小，绝大部分外围梢形成顶芽。大枝开始死亡，树冠内膛枝条大量枯死，从基部隐芽萌发长出徒长枝。虽能形成大量花芽，但坐果率低。此期应促使树体更新复壮，在加强土肥水管理的前提下对枝组和骨干枝进行更新修剪，去弱留强，疏除枯死枝或结果枝组，重建树冠和新的结果部位。

第六节

对环境条件的要求

一、温度

苹果休眠期，需要有3～5℃的低温才能通过自然休眠。例如，在5℃条件下，70天可以满足休眠的低温需要。如在温度过高或低温时间不足的南方，不能正常通过休眠，萌芽、开花不整齐。对于过低温度，苹果忍受能力也是有限的，苹果休眠期可忍受−25℃低温，−30℃时会产生枝干冻害。

二、降雨

苹果适宜栽植在有500～800毫米降雨量的地区，我国苹果的主要产区的降雨量都能达到这一数量，但有的地区雨量分布不均匀，不能完全满足苹果生长的需要，因此需要灌溉补充。

三、光照

苹果树是喜光树种，充分光照是实现优质、丰产的重要条件。据调查光照对红窜土苹果花芽形成有明显的影响。如在同一株树上，两个大枝均进行环剥，开张角度也相近，上层大枝光照充足，花芽形成良好，花芽率为61.9%，下层枝因有上层枝的遮阴，光照差，花芽率仅为11.5%。树冠北面的枝条比南面枝条的花芽也明显减少。

四、土壤

苹果树对土壤的要求条件较高，土层厚度达到0.5米以上，肥沃、透气性强，地下水位低于2米，土壤pH值为7左右是苹果树生长良好的前提条件。

第二章

苹果树整形修剪
的时期及方法

第一节

整形修剪的依据

一、搞好果树整形修剪必须考虑的因素

1. 不同品种的特性

品种不同，其生物学特性也不同，如在萌芽率、成枝力、分枝角度、枝条硬度、花芽形成难易、结果枝类型、中心干强弱，以及对修剪敏感程度等方面都有差异。因此，根据不同品种的生物学特性，切实采取针对性的整形修剪方法，才能做到因品种科

学修剪，发挥其生长结果特点。

2. 树龄、树势

树龄和树势虽为两个因素，树龄和生长势有着密切关系，幼树至结果前期，一般树势旺盛，或枝力强、萌芽率低，而盛果期树生长势中庸或偏弱，萌芽率提高。前者在修剪上应做到：小树助大，实行轻剪长放多留枝，多留花芽多结果，并迅速扩大树冠。后者要求大树防老，具体做法是适当重剪，适量结果，稳产优质。但也有特殊情况，成龄大树也有生长势较旺的。当然对于旺树，不管树龄大小，修剪量都要小一些，不过对于大树可采取其他抑制生长措施，如环剥或叶面喷施生长抑制剂等。

3. 修剪反应

修剪反应是制定合理修剪方案的依据，也是检验修剪好坏的重要指标。因为同一种修剪方法，由于枝条生长势有旺有弱，状态有平有直，其反应也截然不同。怎么看修剪反应，要从两个方面考虑，一个是要看局部表现，即剪口、锯口下枝条的生长，成花和结果情况，另一个是看全树的总体表现，是否达到了你所要求的状况，调查过去那些枝条剪错了，哪些修剪反应较好。因此，果树的生长结果表现就是对修剪反应客观而明确的回答。只有充分了解修剪反应之后，我们再进行修剪就会做到心中有数，做到正确修剪。

4. 自然条件和栽培管理水平

树体在不同的自然条件和管理条件下，果树的生长发育差异很大，因此修剪时应根据具体情况，如年均温度、降雨量、技术条件、肥水条件，分别采用适当的树形和修剪方法。如贫瘠、干旱地区的果园，树势弱、树体小、结果早，应采用小冠树形，定干低一些，骨干枝不宜过多、过长。修剪应偏重些，多截少疏、注意复壮树势，保留结果部位。在肥、水条件好的果园，加之高温、多湿、生长期长，土层深厚，管理水平低，果树发枝多，长势旺，应采用大、中树形，树干也应高一些。并且主枝宜少，层间应大，修剪量要轻，同时加强夏季修剪，促花结果，以果压冠和解决光照。

5. 果树的栽植方式与整形修剪也有关

密植园和稀植园相比，树体要矮，树冠宜小，主枝应多而小。要注意以果压冠。稀植大冠树的修剪要求则正好相反。

二、苹果修剪方案的制订

要对当年树体的生长势、单株产量、果实品质、花芽数量和枝类组成等进行实地调查，制定整形修剪的方案。修剪方案主要包括修剪量和单株花芽数量的控制、骨干枝的培养和疏除标准、结果枝组的培养和更新方法、不同类型辅养枝处理等。

1. 不同品种的生长结果习性

对容易形成花芽的品种，如黄元帅、中秋王等可适当增加修剪量，加大结果枝组的更新和回缩力度；对成枝力较低的品种如元帅系、短枝型等品种，应多短截、少疏枝，增加枝量，特别注意预备枝的培养及大、中型结果枝组的培养与维持；对大果形品种如中秋王等应严格控制花芽数量，维持合适的枝果比。

2. 苹果树不同年龄时期

（1）幼龄期苹果树冬季修剪的重点　此期应以轻剪、长放为主，培养树体结构，同时控制单株挂果量，以达到迅速扩冠的目的。尽量促进发枝，多留辅养枝，是早期丰产的基础。

（2）盛果期苹果树冬季修剪的重点　注重结果枝组的配置和更新。苹果树进入盛果期后，结果枝下垂，由于连年结果树势逐渐衰弱，树冠内易发生光照不良，新梢瘦弱，花芽分化不良，无效空间增大。

外围枝条过密的树，要轻剪、适当疏除一部分外围枝，打开光路，做到外稀里密，上稀下密。

主枝和辅养枝过多的树，要通过修剪辅养枝，逐年减小、变弱后疏除，对于因栽植密度过大引起树与树之间交叉碰头的，可以用回缩换头的方法解决。

（3）老龄期苹果树冬季修剪的重点　重点是对骨干枝的回缩

和更新。促进营养生长，控制生殖生长，改善树冠通风透光条件。修剪时应以短截为主，增加枝量，多留预备枝。

苹果树进入衰老期后，外围枝对短截已无明显反应，枯枝迅速增加，产量逐年下降，向心生长开始（内膛大量冒条），此时应对衰老的骨干枝及时回缩更新，恢复树势，充实树冠，延长结果能力和年限。骨干枝的回缩部位应根据衰老程度而定，回缩部位需有较壮的分枝，如有可利用的徒长枝或背上直立旺枝应充分利用，并相应缩剪骨干枝上其余多年生枝组，适量结果或少挂果，加速树冠复壮更新。

严重衰老的骨干枝或无法找到有较壮分枝的回缩部位时，应多留枝叶，不使挂果。

在加强树上修剪复壮树势的同时逐年进行根系更新，距离树干一定距离（树冠正投影下方）挖深沟进行断根再生，但要注意3～4年完成树冠周围断根的任务。养树2～3年后，再进行回缩，如需维持一定产量，也可对骨干枝分年分批进行回缩。

3. 苹果树生长势

对生长势偏弱的苹果树，应控制花芽数量，加强结果枝组的回缩和更新，以短截为主，疏枝为辅，不断增加中、长枝数量，恢复树势；对树势偏强的苹果树可适当增加花芽数量，一年生枝以轻剪长放为主，控制长枝数量，改善树冠通风透光条件，逐渐缓和树势。

三、修剪步骤

（1）根据栽植密度确定采用
的树形。

（2）根据修剪树年龄阶段确
定修剪方法。

（3）了解每一株树的树势、
品种、砧木、花量。根据树势确
定修剪方法，根据品种、砧木、
花量、树势是否平衡确定每一株
树总的修剪量和局部的修剪量。

（4）开始修剪　确定中央领
导干和各主枝的枝头，对枝头进
行长放或短截或回缩等处理；再
对直立枝、中央领导干和主枝
枝头的竞争枝进行控制，处理过
密枝条；用剪、留量调节树势平
衡；最后进行结果枝组的培养。

苹果树合理整形修剪图解

第二节

修剪的时期

近年来，随着果树管理水平的提高，技术的更新及对修剪认识的深入，对果树的整形修剪越来越引起广大果农的重视。果树一年四季都可进行修剪，但根据年周期的气候特点，果树修剪时期一般分为冬季（休眠期）修剪和夏季（生长期）修剪。

一、冬季修剪

冬季修剪也叫休眠期修剪。

（1）时期 是指在果树落叶以后到萌芽以前，越冬休眠期进行的修剪，因此也叫休眠期修剪。优点是在这一时期，光合产物已经向下运输，进入大枝、主干及根系中储藏起来，修剪时养分损失少。严寒地区，可在严寒后进行；对于幼旺树，也可在萌芽期修剪，以削弱其生长势。实验表明，幼树在萌芽期修剪提高萌芽率$10\% \sim 15\%$。

（2）冬季修剪的主要任务因年龄时期而定，各有侧重点。

① 幼树期间，主要是完成整形、骨架牢固、快扩大树冠。

② 初结果树，主要是培养稳定的结果枝组。

③ 盛果期树修剪主要是维持和复壮树势，更新结果枝组，调整花、叶芽比例。

二、夏季修剪

夏季修剪又叫生长期修剪，是指树体从萌芽后到落叶前进行的修剪。

（1）夏季修剪任务　主要是解决一些冬季修剪不易解决的问题，如对旺长树、徒长枝的处理，早春抹芽、夏季摘心等，以及环剥、扭梢、拿枝等促花措施。

（2）时期　生产上苹果树生长季修剪通常在以下4个时期进行。

① 萌芽期至开花期（3月下旬至4月上旬）一般进行抹芽和疏花蕾，即去除剪口附近的多余不定芽和枝条背上芽，以及过多的花蕾。

② 新梢生长期（5月上旬至6月上旬）主要去除由隐芽或潜伏芽抽生的过密新梢，以及将来有可能形成徒长枝的新梢。

③ 新梢生长末期（6月下旬至7月下旬）主要进行拉枝、疏枝等控长措施，通过调整枝条开张角度，改善光照、促进果实生长和花芽分化，以及骨干枝的培养。

④ 树体养分储藏期（9月中旬至10月中旬）主要疏除部分骨干枝背上较旺的徒长枝和多年生辅养枝，改善树冠结构和内膛光照，抑制第二年伤口处徒长枝的重新发生。

苹果树合理整形修剪图解

修剪方法

一、休眠季修剪方法

1. 短截

就是把一年生枝条剪去一部分，距芽上方0.5～1.0厘米，见图2-1。短截对全枝或全树来讲是削弱作用，但对剪口下芽抽生枝条起促进作用，可以扩大树冠，复壮树势。枝条短截后可以促进侧芽的萌发，分枝增多，新梢停长晚，碳水化合物积累少，含氮、水分过多，全树短截过多、过重，会造成膛内枝条

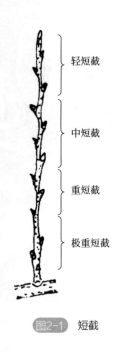

轻短截

中短截

重短截

极重短截

图2-1　短截

密集，光照变差。以短果枝结果为主的树种或以顶花芽结果为主的树种，不易形成花芽而延迟结果，旺树短截过多，常引起枝条徒长，影响成花、坐果。短截根据短截程度，分为轻短截、中短截、重短截、极重短截，见图2-2～图2-5。短截程度不同，反

图2-2　轻短截

应也不同。一般短截越重，剪口下新梢生长越旺，短截轻则发枝多。总之，短截的反应是好芽发好枝。

（1）轻短截　只剪去枝条全长的1/5～1/4，剪后反应是剪口下形成一些较弱的中短枝，缓和树势，有利于成花、结果。

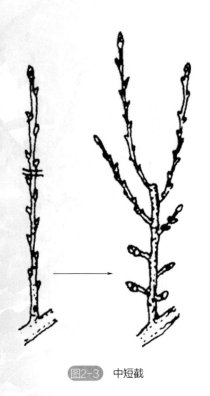

图2-3 中短截

（2）中短截　在饱满芽处截，剪除全枝的1/3～1/2，剪口下发生中、长枝多，且生长势强，有利于生长和扩大树冠。

（3）重短截　剪去枝条的2/3～3/4，只抽生1～2个强枝

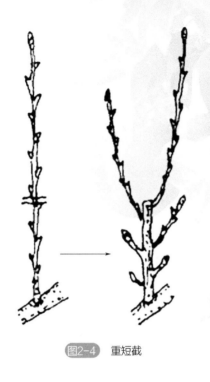

图2-4　重短截

和1～2个中、短枝，目的是控
制骨干枝、延长枝的竞争枝或培
养大型结果枝组。

（4）极重短截　只留一年生
枝基部几个瘪芽进行剪截。促
发弱枝、早成花，同时复壮2年

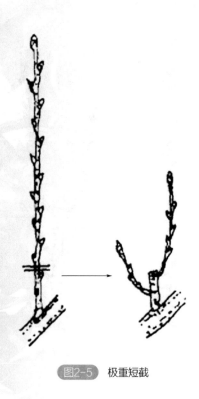

图2-5 极重短截

生枝。

2. 疏枝

将过密枝条或大枝从基部去掉的方法叫疏枝，见图2-6～图2-18。疏枝一方面去掉了枝条，减少了制造养分的叶片，对全树

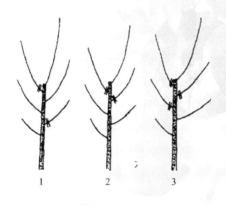

图2-6　疏枝方法

1—正确；2—错误（对伤口）；3—错误（连串伤口）

图2-7　正确疏除

图2-8　错误疏除（锯口过大）

图2-9 错误疏除（留桩过多）

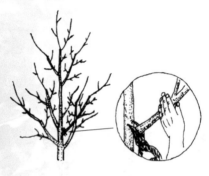

图2-10 中枝疏枝

图2-11 疏除过密枝

图2-12 疏除重叠枝

图2-13 疏除交叉枝

徒长枝

背上直立枝

竞争枝

图2-14 疏除徒长枝,背上直立枝,竞争枝

四年生苹果初果树背上枝疏枝

四年生苹果初结果树疏枝后状态

四年生苹果幼旺树背上枝疏枝

苹果树疏除后

和被疏间的大枝起削弱作用，减少树体的总生长量，且疏枝伤口越多，削弱伤口上部枝条生长的作用越大，对总体的生长削弱也越大；另一方面，由于疏枝使树体内的储藏营养集中使用，故也有加强现存枝条生长势的作用。

（1）在扩冠期常用的疏枝方法　疏间直立枝留平斜枝、疏间强枝留弱枝、疏间弱枝留强枝、疏间轮生枝、疏间密挤枝等方法，以利于扩大树冠、平衡树势和提早结果。

（2）疏枝作用　维持原来的树体结构；改善树冠内膛的光照条件，提高叶片光合效能，增加养分积累，有助于花芽形成和开花结果。

（3）疏枝效果和原则　对全树起削弱作用，从局部来讲，可削弱剪口、锯口以上附近条的势力，增强伤口以下枝条的势力。剪口、锯口越大、越多，这种作用越明显；从整体看疏间对全树的削弱作用的大小，要根据疏枝量和疏枝粗度而定。去强留弱或疏枝量越多，削弱作用越大，反之，去弱留强，去下留上则削弱作用小，要逐年进行，分批进行。

3. 回缩

对二年生以上的枝在分枝处

将上部剪掉的方法叫回缩，见图
2-19～图2-22。此法一般能减少
母枝总生长量，促进后部枝条生

图2-19　结果枝组回缩，防止结果部位外移

图2-20　大型结果枝组回缩，

培养成中小结果枝组

 图2-21　下垂枝组回缩，更新复壮

图2-22　串花枝回缩，提高坐果率

长和潜伏芽的萌发。回缩越重，对母枝生长抑制作用越大，对后部枝条生长和潜伏芽萌发的促进作用越明显。在生长季节进行回缩，对生长和潜伏芽萌发的促进作用减小。回缩用于控制辅养枝、培养枝组、平衡树势、控制树高和树冠大小、降低株间交叉程度、骨干枝换头、弱树复壮等。另外，对串花枝回缩可以提高坐果率。

4. 长放

对一年生长枝不剪，任其自然发枝、延伸叫长放或称为甩放、缓放。一般应用于处理苹果旺幼树或旺枝，可使旺盛生长转变为中庸生长，增加枝量，缓和生长势，促进成花结果。长放平斜旺枝效果较好，长放直立旺枝时，必须压成平斜状才能取得较好的效果。为了多出枝，克服长放枝条下部光秃的现象，迅速缓和生长势，在长放枝上配合刻芽、多道环刻和拉枝等措施效果更好。生长旺的长枝经多年长放成为长放结果枝组后，要通过回缩修剪培养成为长轴的健壮枝

第二章　苹果树整形修剪的时期及方法

135

组。生长较弱的树或枝进行长放，其表现是越放越弱，不易成花结果，并加速衰弱。

二、生长期修剪方法

1. 除萌（抹芽）

在苹果树萌芽前后进行，主要去除骨干枝背上已萌动或未萌动的叶芽，对冬季修剪伤口处发出的大量不定芽，除保留背下或侧生的1～2个不定芽外，其余需全部去除。及时除萌对抑制徒长枝发生，增加和提高发育枝数量和质量，促进花芽分化，调节骨干枝生长，延长结果枝组寿命有重要作用，是苹果园精细管理的关键技术之一。

2. 刻伤

又称目伤，见图2-23、图

2-24。在冬季修剪时或春季发芽前，于芽或短枝的上方0.5～1厘米处，用剪枝剪或刀横刻皮层，深达木质部，成眼眉状，叫刻伤或目伤。在芽或短枝的上方刻伤，可以阻碍根部储藏的养分向上运输，从而使刻伤处下部的枝或芽得到充足的营养，故有利于芽的萌发及枝的生长。因此，要想在中心干某位置生出壮枝时，在壮芽或短枝的上方刻伤即可，见图2-23、图2-24。

图2-23　刻芽（1）

图2-24　刻芽（2）

3. 别枝、拉枝和软化

（1）在别枝、拉枝　发芽前后，将一年生以上的直立长放旺枝，从基部向下或左右弯曲，别在其他枝下叫别枝，见图2-25；若用绳等牵拉物下拉固定则为拉

图2-25　别枝

苹果树合理整形修剪图解

枝，见图2-26。二者都能起到增大分枝角度，控制枝条旺长及促进出枝的作用。

图2-26 拉枝

（2）别枝和拉枝方法 一般于6～7月份进行。主枝拉成80°～90°，辅养枝拉成水平，见图2-27～图2-29。拉枝有利于降低枝条的顶端优势，提高枝条中下部的萌芽率，增加枝量及中短枝的比例，解决内膛光照及缓和树势、促进花芽形成等作用。

图2-27 三年生苹果幼树春季萌芽

期前后进行拉枝、开角

图2-28 三年生苹果幼树拉枝后夏季生长状态

图2-29 四年生苹果树拉枝及结果状

（3）软化　即发芽后对较细的一、二年生直立长放枝，用手握住枝条自下而上多次移位并轻度折伤，使之向下或左右弯曲，见图2-30。也可在6～8月份对长新梢进行软化，加大角度，控制生长。软化能起到控制旺长和促发分枝的作用。

（4）其他开张角度的方法还有棍撑、坠枝等方法。

图2-30　软化

4. 摘心

即摘掉新梢顶端的生长点。

（1）作用机理　是摘心去掉了顶端生长点和幼叶，使新梢内的赤霉素（GA）、生长素含量急剧下降，失去了调动营养的中心作用，失去了顶端优势，使同化产物、矿质元素、水分的侧芽的运输量增加，促进了侧芽的萌发和发育，同时摘心后，由于营养有所积累，因此，摘心后剩余部分叶片变大、变厚、光合能力提高，芽体饱满，枝条成熟快。

（2）摘心的效果及应用

① 提高坐果　率促进果实生长和花芽分化，但必须在器官生长的临界期进行的摘心才有效。富士苹果早期对果台副梢摘心，可明显提高坐果率，增大单果重。

② 促进枝条组织成熟　基部芽体饱满，摘心时期可在新梢缓和生长期进行，在新梢停长前15天效果更明显，可以防止果树由于旺长造成的抽条，使果树安全越冬。

③ 促使二次梢的萌发　增加分枝级次，有利于加速整形，但只适用于树势旺盛的树，进行早摘心、重摘心，能达到目的。

④ 调节枝条生长势　苹果树上对竞争枝进行早摘心，可以促进延长枝的生长，对要控制其生长的枝条，可采用早摘心。

5. 环剥

是促使苹果幼树早结果、早丰产的主要措施之一。在树干或大枝上，绕干或枝刻伤两道，道间距为树皮的厚度，约 0.1～0.5 厘米，深达木质部，将刻口间的树皮剥下叫环剥，见图 2-31、图 2-32。环剥能在一段时间内切断同化营养物质向下运输的路线，减少供给根系的营养物质，抑制根系的生长，从而缓和生长势。同时使剥口以上的部分获

图2-31　成龄苹果大树环剥后留下的环痕

図2-32　环剥苹果树开花状

得较多的营养，提高碳氮比水平，且环剥能促发内源乙烯的产生，因此，环剥有利于花芽的形成，在盛花期至落花后5天环剥还有控制新梢生长和提高坐果率的作用。环剥时应注意以下问题。

（1）环剥的对象　环剥适用于苹果旺幼树或已结果的壮树。对于弱树、病树、盛果期的大树不宜采用，否则造成生长势极度衰弱，引起腐烂病发生。元帅系、印度系等品种愈合组织生长慢，也不宜使用环剥技术。

（2）环剥的时期　环剥的时期不同，效果也不同。盛花期至落花后5天环剥有抑制生长、促进花芽形成和提高坐果率的作用，在此阶段，环剥越早控制生长的作用越强。花后10～40天环剥只有促进花芽形成和控制生长的作用。

（3）环剥的次数　一般每年只进行1次，但对不易成花的品种，如富士系等的壮幼树也可在环剥口愈合（20～30天）后，再环剥1次。

（4）环剥的宽度及包扎物主干环剥的宽度应等于树皮的厚度。剥后用纸条包扎剥口，以防虫害影响剥口愈合。剥后20天去掉纸条，并检查伤口愈合情

苹果树合理整形修剪图解

况。若伤口没有愈合，可改用塑料布条包扎（禁用地膜）。用塑料布条包扎应注意伤口一旦愈合需立即解除。

（5）环剥前后的管理　环剥前要浇1次水，以利剥皮，并避免剥掉的树皮带走过多的形成层细胞。环剥技术只能调整营养的分配，促进成花和坐果，不但不能增加树体营养，反而由于结果量的增加和对生长的抑制作用而降低树体的营养水平，因此环剥的树要加强土、肥、水等综合管理。

6. 环割

环割分为两种形式。一是主枝或主干环割，二是长放枝条的多道环割。

（1）主枝或主干环割　在主干或主枝的基部用刀刻伤一圈，

深达木质部，即为主枝或主干环割。环剥口愈合需10天左右。环割的时期、作用与环剥相同，唯强度较弱，一般品种环割3次等于1次环剥。此法适用于环剥不宜愈合的品种，如元帅系等。环割时可据树势强弱不同，每隔7～10天左右环割1次，根据树势连续环割3～5次，即可收到环剥的效果，见图2-33。

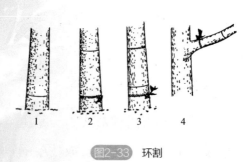

图2-33 环割

1—树干环割依次；2—树干环割2次；3—树干环割3次；4—枝环割

（2）多道环割　在一、二年

生长放枝条上，从基部开始每隔20厘米（普通型品种）或30厘米（短枝型品种）左右环刻一圈，枝条顶部留35厘米左右不再刻伤。进行多道环刻的时期是春季发芽期至新梢开始生长期。短枝红星系刻口愈合较慢，可晚些。

7. 拧梢

生长旺盛的新梢在半木质化时（5月中、下旬），在距基部5厘米左右处用手向下拧、转90°～180°，使之由拧处变为下垂或平生，见图2-34。拧梢能起到控制新梢旺长、促进顶部花芽形成和培养小型结果枝组的作用。拧梢多用于苹果壮幼树，但不宜过多采用，以免枝叶密挤影响通风透光。

图2-34 夏季拧梢落叶后状态

第四节

整形修剪创新点

一、注意调节每一株树内各个部位生长势之间的平衡关系

整形修剪过程中，特别要注意调节每一株树内各个部位的生长势之间的平衡关系。

每一株树，都由许多大枝和

小枝、粗枝和细枝、壮枝和弱枝组成，而且有一定的高度，因此，我们在进行修剪时，要特别注意调节树体枝、条之间生长势的平衡关系，避免形成偏冠、结构失调、树形改变、结果部位外移、内膛秃裸等现象。要从以下三个方面入手。

（1）上下平衡　在同一株树上，上下都有枝条，但由于上部的枝条光照充足、通风透光条件好，枝龄小，加之顶端优势的影响，生长势会越来越强；而下部的枝条，光照不足，开张角度大，枝龄大，生长势会越来越弱，如果修剪时不注意调节这些问题，久而久之，会造成上强下弱树势，结果部位上移，出现上大下小现象。给果树管理造成很大困难，果实品质和产量下降，严重时会影响果树的寿命。整形修剪时，一定要采取控上促下，抑制上部、扶持下部，上小下大，上稀下密的修剪方法和原则，达到树势上下平衡，上下结果，通风透光，延长树体寿命，提高产量和品质的目的。

（2）里外平衡　生长在同一个大枝上的枝条，有里外之分。内部枝条见光不足，结果早，枝条年龄大，生长势逐渐衰弱；外部枝条见光好，有顶端优势，枝龄小，没有结果，生长势越来越强，如果不加以控制，任其发展，会造成内膛结果枝干枯死亡，结果部位外移，外部枝条过多、过密，造成果园郁闭。修剪时，要注意外部枝条去强留弱、去大留小、多疏枝，少长放；内部枝去弱留强、少疏多留、及时更新复壮结果枝组，达到外稀里密，里外结果，通风透光，树冠紧凑的目的。

（3）相邻平衡　　中央领导干上分布的主枝较多，开张角度有大有小，生长势有强有弱，粗度差异大。如果任其生长，结果会造成大吃小、强欺弱、高压低、粗挤细的现象，影响树体均衡生长，造成树干偏移、偏冠、倒伏、郁闭等不良现象，给管理带来很大的麻烦。修剪时，要注意及时解决这一问题，通过控制每个主枝上枝条的数量和主枝的角度两个方面，来达到相邻主枝之间的平衡关系，使其尽量一致或接近，达到一种动态的平衡关系。具体做法是粗枝多疏枝、细枝多留枝；壮枝开角度、多留果，弱枝抬角度，少留果。坚持常年调整，保持相邻主枝平衡，树冠整齐一致，每个单株占地面积相同，大小、高矮一致，便于管理，为丰产、稳产、优质打下牢固的骨架基础。

二、整形与修剪技术水平没有最高，只有更高

我们在果园栽植的每一棵树，在其生长、发育、结果过程中，与大自然提供的环境条件和人类供给的条件密不可分。环境因素很多，也很复杂，包括土壤质地、肥力，土层厚薄，温度高低、光照强弱、空气湿度、降雨量、海拔高度，灌水、排水条件，灾害天气等。人为影响因素也很多，包括施肥量、施肥种类，要求产量高低、果实大小，色泽，栽植密度等，还有很多很

多，上述因素，都对整形和修剪方案的制定，修剪效果的好坏，修剪的正确与否等产生直接或间接的影响，而且这些影响有时当年就能表现出来，有些影响要几年、甚至多年以后才能表现出来。举一个例子说明修剪的复杂性和多变性，我国20世纪60年代末期，在北京南郊的一个丰产苹果园举行果树冬季修剪比武大赛，要求有苹果树栽植的省、市各派两个修剪高手参加，每个人修剪5棵树，一年后，根据树体当年的生长情况和产量、品质等多方面的表现，综合打分，结果是北京选手得了第一和第二名，其他各地选手都不及格。难道其他的选手修剪技术水平差吗？绝对不是，而是他们不了解北京的气候条件和管理方法，只是照搬照抄各自当地的修剪方法，才导致这一结果。这个例子充分说明一件事，果树的修剪方法必须和当地的环境条件及人为管理因素等联系起来，综合应用，才能达到理想的效果。所以说，修剪技术没有最高，而是必须充分考虑多方面的因素对果树产生的影响，才能制定出更合理的修剪方法。不要总迷信别人修剪技术高，我们常说"谁的树谁会剪"就是这个道理。

三、修剪不是万能的

果树的科学修剪只是达到果树管理丰产、优质和高效益的一个方面，不要片面夸大修剪的作用，把修剪想得很神秘，搞得很复杂，有些人片面的人为，修剪搞好了，就所有问题都解决了，修剪不好，其他管理都没有用，这是完全错误的想法。只有把科学的土、肥、水管理，合理的花果管理，综合的病虫害防治等方面的工作和合理的修剪技术有机地结合起来，才能真正把果树管好了。一好不算好，很多好加起来，才是最好。对于果树修剪来说，就是这个道理。

四、果树修剪一年四季都可以进行，不能只进行冬季修剪

果树修剪是指果树地上部一切技术措施的统称，包括冬季修剪的短截、疏枝、回缩、长放；也包括春季的花前复剪、夏季的扭梢、摘心、环剥；秋季的拉枝、捋枝等技术措施。有些地方的果农朋友只搞冬季修剪，而生

长季节让果树随便长，到了第二年冬季又把新长的枝条大部分剪下来。这种做法的错误是一方面影响了产量和品质（把大量光合产物白白地浪费了，没有变成花芽和果实）；另一方面浪费了大量的人力和财力（买肥、施肥）。果农朋友们，这种只进行冬季修剪的做法已经落后了，当前最先进的果树修剪技术是加强生长季节的修剪工作，冬季修剪作为补充，谁的果树做到冬季不用修剪，谁的技术水平更高。笔者把果树不同时期的修剪要点总结成4句话告诉果农朋友：冬季调结构（去大枝），春季调花量（花前复剪），夏季调光照（去徒长枝、扭梢、摘心），秋季调角度（拉枝、拿枝）。

常用树形及其整形技术

目前生产上苹果树形的发展趋势是树形结构简化，省工、省力、操作简便。

丰产树形及树体结构

一、对丰产树形的要求

① 树冠紧凑，能在有效的空间，有效地增加枝量和叶片面积系数，充分利用光能和地力，发挥果树的生产潜能。

② 能使整个生命周期中经济效益增加，达到早果、丰产、优质高效、寿命长的目的。

③ 树形要适应当地的自然条件，适应市场对果品质量的

第三章　常用树形及其整形技术

161

要求。

④ 便于果园管理，提高劳动生产率。

二、树体结构因素分析

构成树体骨架的因素有树体大小、冠形、干高、骨干枝的延伸方向和数量。

1. 树体大小

（1）树体大的优缺点　树体大可充分利用空间，立体结果，经济寿命长，但成形慢。成形后，枝叶相互遮阴严重，无效空间加大，产量和品质下降，操作费工。

（2）树体小的优缺点　树体小可以密植，提高早期土地利用率，成形快，冠内光照好，果实品质好，但经济寿命短。

2. 冠形

现在栽植的苹果树树形主要有纺锤形、小冠疏层形、圆柱形、细长纺锤形等。

3. 干高

干高分为高、中、低三种，高干0.9～1.1米，中干0.7～0.9米，低干55～70厘米，低干是现在发展的趋势，低干缩短了根系与树叶的距离，树干养分消耗少，增粗快，枝叶多，树势强，有利于树体管理，有利于防风，干旱地区利于积雪保湿。

现在生产上一般采取幼树定干时低一些。随着树龄的增加，逐渐去除下层枝，使树干高度逐渐增加。这种方法叫"提干"（开心形除外）。栽培生产中应用时效果很好。

4. 骨干枝数量

主枝和侧枝统称为骨干枝，是养分运输、扩大树冠的器官。原则上在能够满足空间的前提下，骨干枝越少越好，但幼树期过少，短时间内，很难占满空间，早期光能利用率太低，到成龄大树时，骨干枝过多，则会影响通风透光。因此幼树整形时可多留辅养枝，树大时再疏去。

5. 主枝的分枝角度

主枝分枝角度的大小对结果的早晚、产量、品质有很大影响，是整形的关键之一。

角度过小，表现出枝条生长直立，顶端优势强，易造成上强下弱势力，枝量小，树冠郁闭，不易形成花芽，易落果，早期产量低，后期树冠下部易光秃，同时角度太小易形成夹皮角，负载量过大时易劈裂。

角度过大，主枝生长势弱，树冠扩大慢，但光照好，易成花，早期产量高。

主要树形结构标准及成形过程

一、纺锤形

1. 树形标准

树干高度为55～65厘米，树高3.2～3.5米。中央领导干直立粗壮，保持绝对优势。全树共选留12～15个主枝，不分层，在中央领导干上错落着生。主枝单轴延长，其上不配备大的侧枝，直接着生中、小结果枝组。主枝粗度和同部位中央干粗度比值为0.4∶1，重叠主枝要求最少间隔距离在90厘米以上。基部5主枝的拉枝角度为75°左右，中部5主枝的拉枝角度为85°，上部5主枝的拉枝角度为90°左右。整个树体看上去要求像纺锤一样，下大上小，枝条外稀里密，骨架牢固，结构紧凑，通风透光。纺锤形树形见图3-1、图3-2。

2. 适宜的密度

株距2～3米，行距3.5～5米，亩（1亩=667平方米）栽44～95株。

图3-1 纺锤形示意图

图3-2 整形中的纺锤形苹果树（三年生）

3. 适宜的品种与砧木

短枝型品种，或矮化砧木，或乔化砧木普通型品种。

4. 成形过程

定植后定干，定干高度为80～85厘米。定植后一年生树的修剪萌芽前后进行目伤，从地面上55厘米处开始，每间隔3个芽目伤1个，共目伤2～3个，提高萌芽率，增加枝量。5月中旬，抹除距地面55厘米以内的嫩枝；对顶部第二芽梢（竞争枝）进行拧梢，控制其生长。秋季停长期对新梢拿枝软化，使之角度为80°～90°，要特别注意控制过旺枝。成形过程见图3-3～图3-5。

由于苗木质量及管理技术的差异，在冬季修剪时幼树可分为

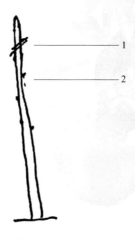

图3-3 成形过程（1）

1—定干，高度80 ~ 85厘米；2—目伤，2 ~ 3个芽

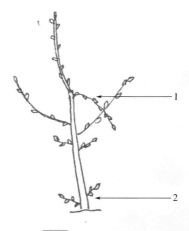

图3-4 成形过程（2）

1—拧梢；2—50厘米以下除萌

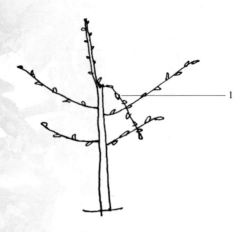

图3-5 成形过程（3）

1—竞争长梢软化，开张70°～90°

三类，下面将分述每类树的特点及修剪方法。

第一类：长势壮，枝量大，长枝多的幼树。

冬季修剪时疏除主干下部距地面55厘米以内的枝条；在55厘米以上的长枝中，选留5～6个长势均衡、方位较好的枝条，其中3～4个为主枝、1～2个为辅养枝，对留下的枝条一律长

苹果树合理整形修剪图解

放。中央领导干延长枝长势若弱，用下部竞争枝换头，否则应疏除竞争枝。中央领导干延长枝在饱满芽处剪截，留长45～55厘米。见图3-6、图3-7。

第二类：幼树长势比第一类稍弱，枝量为5～6个，并且长枝少。

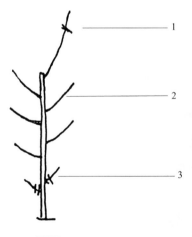

图3-6 第一类树冬剪（1）

1—中央领导干延长枝，饱满芽处剪截，留长45～55厘米；2—枝条一律长放；3—疏除主干下部距地面55厘米以内的枝

图3-7　第一类树冬剪（2）

1—中央领导干延长枝长势弱，用下部竞争枝换头

冬剪时中央领导干延长枝在饱满芽处短截，疏除竞争枝，选择3～4个方位好、长势壮的长枝在饱满芽处进行中短截，以促发长枝；其余中庸枝缓放，见图3-8。

第三类：幼树长势弱，枝量少，并且长枝更少。

冬剪时疏除竞争枝，中央领导干延长枝在饱满芽处短截，其

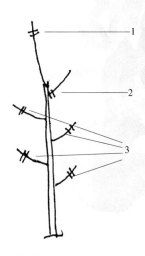

图3-8　第二类树冬剪（1）

1—在饱满芽处短截；2—疏除竞争枝；3—在饱满芽处中短截

余的长枝留1～1.5厘米极重短截，促使第二年重新发枝，对角度大的中庸枝缓放，见图3-9。

第一类树：长势壮，枝量大，长枝多的幼树。

萌芽前后拉枝，使各枝处于近水平状态，辅养枝甚至可以下垂，主枝、辅养枝多道环刻。5月上旬至6月上旬主枝、辅养枝

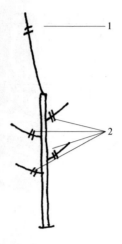

1—在饱满芽处短截；2—留 1～1.5 厘米
极重短截

上的直立梢进行拧梢；疏除主干
上距地面50厘米以内的萌蘖；
主枝基部背上直立旺梢和过密
梢适当疏间；其他壮梢进行扭
梢或摘心，扭梢、摘心后再萌
发的枝条再扭梢、再摘心。见
图3-10。

　　秋季对中央领导干上发出的
新梢拿枝软化，使之趋于水平。

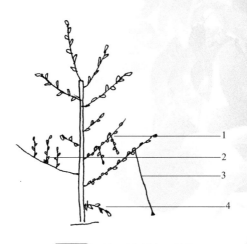

图3-10 第一类树生长季修剪

1—主枝、辅养枝上的直立梢进行拧梢；2—直立旺
梢和过密梢适当疏间；3—萌芽前后拉枝；
4—疏除主干上距地面50厘米以内的萌蘖

　　冬剪时采用长放的修剪方法，即：对上年留下的主枝、辅养枝仍长放，主枝上的过密枝适当疏间，对两侧生长过旺的一年生枝要疏除或重短截，中央领导干上再选3～4个主枝，1～2个辅养枝，疏除直立旺枝、竞争枝；中央领导干延长枝留40～50

厘米短截，见图3-11。

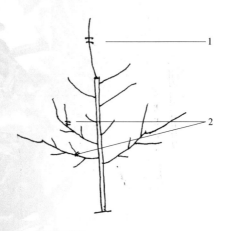

1—中央领导干延长枝留40～50厘米短截；2—主枝上的过密枝疏间

第二类树：树长势比第一类稍弱，枝量为5～6个，并且长枝少。

冬剪时疏除第一层主枝上的背上直立枝，对主枝延长枝的竞争枝疏除或极重短截，延长枝头缓放。疏除中央领导干延长枝的竞争枝，中央领导干延长枝留50～60厘米短截，在中央领导干上再选留2个主枝，1～2个辅养枝。疏除中央领导干延长枝的竞争枝，中央领导干延长枝留45～50厘米短截。见图3-12。

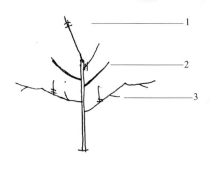

图3-12 第二类树冬剪（2）

1—中央领导干延长枝留45～50厘米短截；2—疏除中央领导干延长枝的竞争枝；3—疏除第一层主枝上的背上直立枝

通过一年的调整，第二类树可以与第一类树采取同样的修剪方法。

5. 三年生树的修剪

6月中下旬对二年生的主枝、辅养枝采取环剥或环割措施，控制下部枝的长势，促进花芽形成，其他夏秋措施同二年生树。

冬剪时应注意平衡树势，防止上强下弱。中心干上继续选留3～4个主枝，1～2个辅养枝。要求同方位主枝间距在60厘米以上，中心干延长枝继续留40～50厘米短截，其他措施同第二年。

6. 第四年的夏秋修剪

同第二、三年，冬剪时树高已达3米左右，中央领导干延长枝可缓放，主枝数目已达10～15个，整形任务基本完成。

苹果树合理整形修剪图解

7. 纺锤树形在整形过程中要注意以下几个问题

（1）基部留枝量　纺锤形树形要求中央领导干直立且生长势强，而基部留枝量的多少对中央领导干的生长势有极大影响。如果基部留枝量过多，且生长势较强，会造成中央领导干长势弱，影响该树形的成形。如果留枝量过少，会造成基部各枝粗壮，不符合该树形的要求，并且影响前期的产量。

基部留枝量在二、三年生时5～6个为宜，其中主枝3～4个，辅养枝1～2个。大量结果后辅养枝要逐年回缩直至疏除。若大枝偏粗，应采取加大角度，减少大枝上的枝量，或在大枝基部环剥等措施控制其长势。

（2）平衡树势　此树形要求中央领导干强而直立，主枝不宜过大，形成狭长的树形，以适应密植的要求。主枝之间大小比较均匀，相差不明显，但要求基部比上部稍强，从基部向上依次减弱。主枝在中央领导干上均匀分布，枝多而不能密挤。

在修剪过程中，要及时控制竞争枝，一般不用竞争枝做主枝，以免生长过大。主枝角度要大，以利于控制主枝的粗度和大小。若某一主枝过强，虽经控制也未能减弱生长势而造成下强上弱或偏冠时，应疏除过强主枝，以较中庸的枝来代替主枝。

（3）主枝更新　为了控制树冠大小和保持主枝的最佳结果枝龄，主枝要及时更新。方

苹果树合理整形修剪图解

法为，当主枝的外围延长梢株间近搭接时，主枝拉枝到下垂状，拉枝后主枝后部长出直立而生长旺盛的枝条，选其中一个经长放修剪和拉枝后使其成为长放结果枝组。对原下垂的主枝逐年进行回缩，用长放枝组替代原主枝。

二、圆柱形

1. 树体结构标准

中心干直立粗壮；树高2.5米，冠径1.5～2米，干高50～70厘米，中央领导干上均匀分布18个左右的小主枝。同方位主枝（两主枝投影夹角小于30°，下同）上下间保持50厘米以上的距离。主枝长约1米左右，下部稍长，向上递减。主枝基角80°～90°，当株间外围梢近搭接时，小主枝腰角与梢角应大于90°。主枝上着生中、小枝组。主枝与中央领导干的粗度比为3：7。整个树冠瘦长，呈圆柱状。圆柱树形见图3-13。

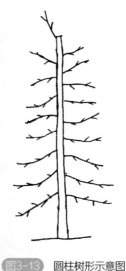

图3-13 圆柱树形示意图

2. 适宜密度

株距1.5～2米，行距2～

3.5米，亩栽95 ～ 222株。

3. 适宜的品种与砧木

短枝型品种或矮化砧木。

4. 成形过程

（1）定干高度依苗木质量、立地条件等而定。一般定干高度为80 ～ 100厘米，要保证剪口下有8个以上的饱满芽。定干较高的苗木，萌芽前从地面上50厘米处开始，每间隔4个芽目伤1个，目伤2 ～ 3个。

（2）一年生树的修剪

① 春季萌芽后，抹除距地面50厘米以内的嫩枝。

② 夏季5月中旬，选第一芽萌发的新梢作为中央领导干的延长梢，如果第一芽梢生长较弱可用第二芽梢代替，并剪除第一芽梢；为保证第一芽梢的生长优

势，对中央领导干上发出的第二芽梢采取重摘心或扭梢等措施控制其长势。

在下部选留4～6个长势好，方位与着生位置错落有致的新梢作为主枝培养，选留的新梢（不含中央领导干的延长梢）若此期长到30厘米以上要进行摘心，生长半圆形树体结构壮的新梢摘心重些，弱者摘心轻些或不摘心，以平衡选留梢的长势。

8～9月份对选留作主枝的新梢进行软化或采取拉枝、用"W"形铁丝等开张角度，使其保持在80°～90°。

③ 冬季（次年早春，萌芽前）中央领导干延长枝在饱满芽处进行短截，并使株与株之间的高度保持一致；从地面上50厘米处开始，按方位错开、着生点

分散的原则选留主枝，全树选4个左右。选留的枝条留1～1.5厘米进行极重短截，其他枝条一律疏除。

（3）二年生树的修剪

① 春季萌芽前后，中央领导干延长枝从基部20厘米到剪口下20厘米，每间隔5个芽目伤1个，以提高萌芽率，控制枝条长势。萌芽后，抹除距地面50厘米以内的嫩枝。

② 夏季对主枝背上的生长旺梢、中央领导干延长枝上的第二芽萌发的新梢及其他竞争梢进行疏除或拧梢。9月上、中旬把中央领导干延长梢下部的所有新梢拉平。

③ 冬季采用长放修剪方法，即对密挤处的辅养枝、直立枝、竞争枝进行疏间或回缩，其他枝

一律长放。

① 萌芽前后，最上1个主枝的着生高度没有达到2.5米的，对中央领导干的延长枝继续目伤，其余长放枝条进行多道环刻；最上1个主枝的着生高度达到2.5米的树，对所有冬剪保留的长放枝进行多道环刻。

② 5月上旬，喷40％的乙烯利200倍液，抑制新梢生长，增加枝量，改善枝类组成，促进花芽形成。5月中旬对主枝上部萌发的直立梢进行拧梢。

6月对徒长枝、直立枝、过密枝本着去强留弱、去叶留花、去长留短的原则进行处理。酌情采用环剥或环刻等促进花芽形成的措施。

7月份对所有主枝进行拉

枝，使其角度保持在80°～90°

③ 冬季修剪 采用长放修剪法。即将主枝上距中心干较近或周围中、短枝较多的徒长枝和生长较壮的长枝（30厘米以上）进行疏除，缺枝处对徒长枝或长枝留3厘米进行极重短截，以便来年抽生弱枝补充空间；较弱的长枝（30厘米以下）甩放不剪，来年结果或培养小型长放结果枝组。中央领导干延长枝不短截，若最上一个主枝的高度不足2.5米，选中央领导干延长枝下部的2～4个方位较好的枝条不剪，翌年培养成新的主枝，其余枝疏除。

（5）四年生以后修剪方法 与三年生基本相同，但应注意下列问题。

① 调整主枝的距离、方位、

角度与数量 当某个部位主枝少出现空位时，可将密挤处的主枝通过支、拉、别、压等方法，调整主枝的方位，补充空位，也可通过培养长放枝、缺枝处目伤出枝再培养等方法增加主枝的数量；主枝过多过密造成通风透光不良，应拉枝使主枝扭转到缺枝处，或用疏间等方法减少主枝的数量，最终使主枝的数量控制在18个左右。当株间近搭接时，对生长势过强的主枝拉枝，使其下垂。

② 利用长放、回缩等方法进行小型结果枝组的培养与更新 即对主枝上的中庸长枝长放，当年培养成小型的长放结果枝组，第二年结果后视枝组的大小进行适度回缩，促使枝组下部出枝，以后再回缩，经3～4年，

培养成短轴结果枝组。

③ 落头　当树高超过标准时，应进行适当落头。落头高度以2.5米左右为宜，落头时要留跟枝。

④ 主枝的更新　主枝长1.5米左右，基部周长6～15厘米，与着生处中央领导干的粗度比为3∶7时结果良好。主枝过粗过长造成交叉郁闭，应进行调整与更新。普通型品种可用主枝中下部较大的枝组替代原枝头。短枝型品种可将主枝前部的长放枝条在秋季顺直绑缚到主枝上，第二年培养成新枝头，冬季将原头疏除。主枝更新要有计划进行，每年选最粗、最大的更新1～3个。一次更新过多，会影响当年产量，也不利于树势稳定。

三、小冠疏层形

1. 树体结构

干高50～60厘米，树高3～4米，冠幅约2.5米，具有中央领导干，干可直可曲。全树主枝5～6个，呈3-2-1排列，第一层3个主枝，第二层2个，第三层1个，三层以上开心。层间距较小，1～2层间60～70厘米，2～3层间50～60厘米，层内距15～20厘米。或者主枝分两层，即第一层3个，第二层2个，层间距80～100厘米，层内距20～30厘米，第一层三主枝上可配置1～2个背侧枝，二层以上主枝不留侧枝。各主枝角度较开张，以60°～80°为宜，下层主枝角度大于上层，各主

枝上合理配置中小型枝组，见
图3-14。

图3-14 小冠疏层形示意图

2. 适宜密度

小冠疏层形是疏散分层形的
改良树形，树体变小，适宜于
（3～4）米×（4～5）米的栽
植密度。

3. 整形修剪技术要点

苗木定植后，春季发芽
前，于地上75～80厘米饱满

芽处定干，留下20厘米为整形带，选择整形带内的饱满芽，用刻芽技术促使芽体萌发、抽枝。

当年冬剪时选出第一层3个主枝和中央领导干，长枝一律轻截或中截，可在第二年扩大树冠，增加枝叶量。对辅养枝缓放，增加短枝量。

第二年春拉开主枝及辅养枝角度，主枝基角60°～80°，辅养枝可拉平呈90°。中央领导干留45～55厘米进行短截。

从第二年冬剪开始，每年按整形的要求选留主侧枝和二层主枝。

4年后树冠基本成形，在修剪中以轻剪缓放为主，对主侧枝延长头如有空间进行轻短截，否则一律缓放不短截。辅养枝、临时枝、过渡层枝以缓放促发短枝、提早结果为主，疏除过密、过强的徒长枝及背上枝。

5年后开始大量结果，及时有计划地清理辅养枝，分期分批地控制和疏除。

四、细长纺锤形

1. 树体结构

一般树高2～3米，冠径1.5～2.0米，在中心领导干上均匀分布势力相近的小主枝15～20个，下部略长而上部略短，全树瘦长，整个树冠呈细长形圆锥形，见图3-15、图3-16。

2. 适宜密度

该树形比自由纺锤形还要细

图3-15 细长纺锤形示意图

图3-16 细长纺锤形苹果树（四年生）结果状

小，因而更适于矮化密植的需要，适宜株距2米左右、行距3～4米的栽植密度。

3. 整形修剪技术要点

① 一年生时，春季发芽前定干80～100厘米，若苗木粗壮，根系发达，建园基础好，可在100～120厘米处定干，在60～80厘米双重刻芽，促发分枝培养侧生主枝，对上部过强过密、方向不适宜的芽及早扣除。上部新梢生长15～20厘米时摘心，控上促下，维持势力均衡。

② 二年生时，选上部生长较壮枝条，作中心领导干的延长枝，若生长过强，可剪留50厘米，在其下部选留4～5个生长中庸呈生长较壮的枝条培养侧生小主枝，只长放，不短截，以缓

和势力，其余枝条作辅养枝处理，并采取多留长放不截的方法，及时疏除长势过旺过强的枝条，所有选留的主枝一律拉平，并结合春季刻芽和生长季背上抹芽、扭梢等夏季管理。

③ 三年生时，在中央领导干上部选一个较壮的枝条作为延长枝，在延长枝下部每年选4～5个与下部侧生枝不重叠的小主枝，若不足可用双重刻芽或秋、春二次刻芽法促发分枝，每年对所有小主枝和辅养枝全部拉平（70°～90°），并采用萌芽前刻芽方法促发短枝，提早结果3～4年后，树冠基本形成，枝量太多时及时疏除辅养枝。基部主枝太粗（主干1／3左右时）及时更新回缩。

细长纺锤形的树体培养过

程遵循冬夏结合、以夏为主的原则，充分利用拉枝、抹芽、刻芽、扭梢、环剥等措施，才能成形快、结果早、树势稳定、优质、丰产。

第四章

结果枝组及其修剪技术

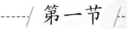

枝组的类别

一、小型枝组

小型枝组具有2～5个分枝，生长势中庸，易形成花芽，但寿命短，不易更新，有空间时可以发展成中型枝组，见图4-1。衰弱时可疏除，采用枝组与枝组间交替结果和更新。

图4-1　小型枝组

二、中型枝组

中型枝组由 2 ～ 3 个小枝组组成，分枝可有 6 ～ 15 个，见图4-2。生长缓和，有效结果枝多，枝组内易于交替结果和更新，寿命较长，可达 4 ～ 7 年。在树冠内占比例大，是主要

图4-2 中型枝组

苹果树合理整形修剪图解

结果部位。

三、大型枝组

大型枝组有15个以上的分枝，有时包含几个中型枝组，生长势强，见图4-3。空间较小时，可通过疏除分枝或回缩至弱分枝处，控制其大小，改造成中型

图4-3 大型枝组

枝组；过密时可疏间，培养周围的中小型枝组。圆柱形苹果树在中干上的分枝，就是大型结果枝组。

枝组的培养

一、小型枝组培养

1. 先截后放

经2～3年培养成中、小型紧凑枝组。生长旺、修剪反应强烈的苹果品种，在短截背上枝后易生旺条，效果不佳。生长较弱、修剪反应较弱的品种效果好。见图4-4。近些年修剪中短截应用较少、而不强调应

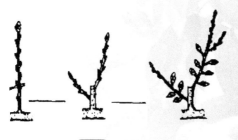

图4-4　先截后放

用紧凑枝组，这种方法应用逐渐减少。

2. 缓放法

中庸枝缓放，经2～3年生长和结果，自然形成。枝势缓和，容易成花和结果，是目前普遍应用的方法。见图4-5。

3. 先放后缩

中庸枝经1～2年缓放，形成串花枝，回缩留2～3个花芽，结果后果台副梢生长形成紧凑型枝组。见图4-6。

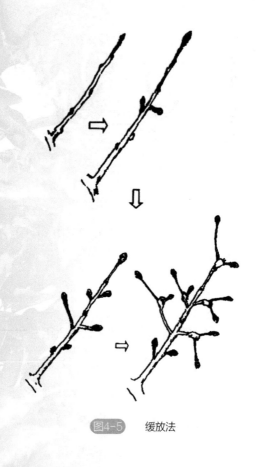

图4-5 　缓放法

二、单轴延伸枝组的培养

　　缓放长枝，第一年冬季疏除侧生长枝，延长枝缓放不截。第二年冬剪与上年同。第三年冬即

留2～3个花芽回缩

果台

果台副梢

图4-6 先放后缩

有花芽形成，逐步形成枝组。如长放枝组在背上，要严格控制生长势，避免形成树上长树，见图4-7。

第一年冬剪，疏除长枝，延长枝不短截

第二年冬剪，继续疏除长枝

第三年冬已成为结果枝组

图4-7 单轴延伸枝组的培养

枝组的修剪

一、结果枝组的修剪

1. 小型枝组复壮

随着结果和枝龄的增加，枝组的生长势逐渐减弱，结果能力下降，应进行复壮修剪。对于缓放形成花芽的串花枝，在花量较大时，如无发展空间，可回缩至生长健壮的结果枝（图4-8①）处；如尚有发展空间，宜去掉先端长果枝花芽（图4-8②），可促其下部芽萌发并有望当年成花，同时对后部的花芽（图4-8③）适当疏除，以增强枝势，见图4-8。

从一个有花芽的分枝处回缩，可复壮枝组

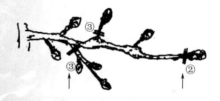

图4-8 小型枝组复壮修剪

2. 中型枝组复壮修剪

下垂枝组回缩至水平分枝处，抬高角度。带有分枝的枝组，疏除分枝，使养分集中，可增强枝势。见图4-9。

对于骨干枝和大辅养枝上的中、小型结果枝组的修剪，每年应做到"有放有缩有疏,放、缩、疏相结合,以放缩为主"。

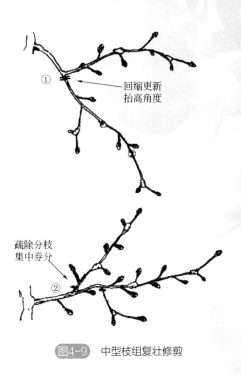

回缩更新
抬高角度

疏除分枝
集中劵分

图4-9　中型枝组复壮修剪

回缩枝组的数目和回缩程度,要因树势而定。随着树势的减弱,回缩枝组的个数也应逐渐增多,回缩程度也应逐渐加大,以便调整生长势,利于生长和结果。

当树势减弱和结果量增加时,应开始采用去弱留强、去斜留直、去密留稀、去老留新、去远留近的"五去五留"的枝组修剪方法,以达到复壮枝组、稳定结果的目的。

结果枝组上一年生枝的修剪:对结果枝组上的一年生枝应进行精细修剪,要留一定数量的结果枝,合理修剪营养枝,并保持一定的枝量和生长势,才能使枝组生长与结果良好。

为了连年丰产,应使结果枝组上的枝条轮替结果。同一品种,树势壮的可适当多留结果枝。对多余的结果枝,密者可疏弱留壮,不密者,可短截作为预备枝。

二、枝组上营养枝修剪

枝组上的营养枝，密者可先疏间生长过壮的枝及弱枝，保留中庸枝。留下的生长较壮的枝条要有放有截，树势较壮者，应多留枝，多长放，少短截（选生长较壮的短截，可多抽生中庸枝），以便缓和生长势，形成花芽。对树势弱的可适当疏间及多短截，以便集中养分，增强树势，提高结果能力。

第五章

不同时期和品种苹果树的修剪重点

不同年龄时期苹果树的修剪重点

一、幼树期

幼树期修剪要做到轻剪长放多留枝，小树助大。也就是促进树体生长发育，增加枝叶量，选好主枝，开张主枝角度，加快树形形成，培养枝组，充分利用辅养枝，为幼树早果丰产创造条件。以促为主，长留缓放，多截少疏，扩大树冠，并重视夏季修剪。

幼树期修剪，前三年尽量少疏枝，小树助大，并多利用辅养枝结果，尤其是下垂枝，并促生中短枝，尽早形成花芽结果，有空间的树继续扩大树冠。幼树主要靠辅养枝结果，采用压枝、缓放、别枝、疏枝、环剥、刻芽等方法，让辅养枝早成花结果。随着幼树的生长，树冠不断扩大，辅养枝也由小变大。修剪时，可去强留弱，去直立留平斜，去大留小，多缓放少短截，多留结果枝，尽量使其多结果。当树冠已达到合理大小时，对辅养枝加以控制，主要是不让其影响骨干枝的生长发育结果，不能影响冠内枝组生长。

二、初结果期

初结果期以疏除和长放修剪相结合，缓和树势，促进成花和结果。继续培养各级骨干

苹果树合理整形修剪图解

枝，扩大树冠，选留第三层主枝和第一、二层主枝的侧枝；调整主侧枝的角度、间距，控制改造和利用辅养枝结果，完成整形；同时打开光路，做到通风透光。

培养结果枝组：通过调整枝组密度，把结果部位逐渐移到骨干枝和其他永久枝上。逐步回缩成花结果的临时枝，培养大中型结果枝组；骨干枝延长枝附近的中长枝、中长果枝，截顶去花，培养中小型结果枝组；骨干枝上的长枝拉平缓放，成花结果后回缩，形成中型结果枝组；具腋花芽的长枝，结果后回缩形成中型结果枝组。长势中庸的枝，成花结果后回缩。长势旺的枝要慢缩，长势弱的枝要重缩，花多的要早缩重缩，花少的要轻缩晚缩。结果的大枝组，要选留带头的营养枝，并在枝组内选留并保持1/3的营养枝辅养枝组本身，同时作为预备结果枝，使枝组不断更新复壮。

三、盛果期

此期修剪任务是调节生长与结果的关系，维持健壮的树势，保持丰产稳产，延长盛果期年限。修剪上要改善树冠内的光照，促发营养枝，控制花果数量，复壮结果枝组，及时疏弱留壮，抑前促后，更新复壮，保持枝组的健壮和高产稳产，做到见长短截，以提高坐果率，增大果个。

1. 平衡树势，控制骨干枝

修剪时外围枝不再短截，避

免外围疏枝过多，要多用拉枝、拿枝的方法处理枝头，让其既保持优势又不过旺。对中央领导干的修剪，要保持树体不要超过所要求高度，可对原中心领导枝轻剪缓放多结果，疏除竞争枝。对主枝的修剪，旺主枝前端的竞争旺枝可行疏除或重短截，减少外围枝，延长枝缓和树势，促进内膛枝生长势，解决光照，对弱主枝注意抬高枝头，减少主枝前端花芽量，以恢复其生长势，此时中干落头，抑上促下。

2. 调整辅养枝，保持树冠通风透光

密植园保留下来的辅养枝应逐步缩剪或疏除，给永久性骨干枝让路。疏除层间大枝。

3. 更新结果枝组，稳定结果能力

强旺结果枝组，旺枝、直立徒长枝比例大，中、短枝少，成花也少，修剪时，要调整枝组生长，促进增加中、短枝和结果枝的数量。中庸枝组的修剪，应看花修剪，采取抑顶促花、中枝带头的方法，抑制枝组的先端优势，促使下部枝条的花芽量增加；衰弱枝组，旺条少，花芽量大，生长势弱，修剪时应留壮枝、壮芽回缩，以更新其生长结果能力。

4. 精细修剪，克服大小年现象

大量结果树的修剪一定要处理好枝梢，剪除生长细弱、连年不能成花的无效枝，对交叉、重叠、并生枝适当压缩或疏除，尽

量使结果枝靠近骨干枝。花多的年份多疏除花芽，保留一些有顶芽的中短枝，促使它当年成花，防止开花过多消耗营养。

四、衰老期

修剪的主要任务是更新复壮，恢复树冠，延长结果寿命。

宜提早进行更新复壮，在主、侧枝前部，选角度小、生长旺的枝条代替原来的衰弱枝头，起到更新复壮的作用；树已衰老，骨干枝先端枯顶焦梢时，更应及早进行更新。对树势衰弱、发枝少而花芽多的衰老树，应重截弱枝，促发新枝，并对抽生的新枝留壮芽，短截促分枝，疏除过多的花芽，减少树体负载量；衰老树上的结果枝组应精细修剪，促发新枝，更新复壮，提高结果能力；对内膛细弱枝组，应先养壮，后回缩；对周围有新枝的弱枝组尽量疏除。

衰老期苹果树的修剪，要结合土肥水的管理和严格的疏花疏果，控制负载量，再加上细致修剪，更新复壮，以期达到延长结果年限的目的。

第二节

不同类型苹果树的整形修剪

一、旺长树

旺长树营养建造主要用于长梢长根，积累贮备少，营养性长枝比例高，新梢生长量大，短枝比率低。冬剪应以疏为主，尽量少短截，修剪量要小；生长季修剪以春季刻芽、夏环剥（割）、秋天拉枝来增加分枝和短枝比例，控势促花。四年生旺长苹果树疏间前和疏间后见图5-1和图5-2。

图5-1 四年生旺长苹果树疏间前

图5-2 四年生旺长苹果树疏间后

二、中庸树

中庸树的修剪主要是调节枝类组成和营养枝的布局，注意营养生长、优质短枝、结果三因素数量的协调，及时更新复壮枝组，疏花疏果，防止超负荷生产。

三、大小年树

大小年树成花结果年间变幅大，果品质量年间差异大。修剪时应稳定修剪措施，防止一年修剪太重或太轻。大年时适当剪掉部分花芽，以花换花，结合花前复剪，再剪除部分过多花芽，开花后进行疏花疏果，防止负载过量，轻剪营养枝，促进枝类转化和花芽形成。小年时则多留花芽，搞好花期授粉，对营养枝重短截，促发旺长，减少翌年花芽数量。

四、衰弱树

弱树在加强土肥水管理的基础上，修剪上应多短截、少疏枝，复壮树势。

不同品种苹果树的修剪要点

一、富士系普通型品种的修剪要点

红富士品种如长富2、烟富1、烟富3等，幼树生长旺盛，萌芽率高，成枝力强。壮枝长放易成花，有一定数量的中长果枝，有腋花芽结果习性。坐果率较高，连续结果能力差。富士系苹果旺幼树停止生长晚，易抽条，抗寒性较差。盛果期后果枝易衰弱，易出现大小年结果，易感染轮纹病。

冬剪长枝长放，加快树冠扩展、增加枝量。长放枝中、下部易出现光秃带，发芽后多道环刻，可使中、下部出枝。

扩冠期截放修剪，适当疏枝，控制直立枝生长。幼树生长壮，当拉枝后株间相差1米左右搭接时，可长放修剪，配合夏剪，促出枝、成花、结果。五年生以前生长旺盛幼树，春季易抽条。可在9月下旬对未停长新梢摘心，促新梢成熟。初结果和盛果期，忌过重修剪，以防治因枝条旺长影响结果，降低产量。在落花后5周左右对果台单长副梢留20厘米摘心，对果台双副梢剪除一个，超过20厘米的果台副梢摘心，以提高壮果台枝上果实单果重。

盛果期及时回缩或疏间下垂枝和辅养枝，适当疏除过密枝，使每亩枝量保持在8万左右。生长弱枝组，复壮或更新。疏间过密的果枝，剪截中、长果枝，使叶芽与花芽比保持在（3∶1）～（4∶1）。

二、短枝型品种的修剪要点

元帅系短枝型苹果（如新红星）、富士系短枝型苹果、金冠系短枝型苹果等。生产中栽培的多为树冠直立型：树骨干枝开张角度小，树体矮化，树冠紧凑，适于密植；幼树生长旺盛，结果后生长势迅速下降；枝条萌芽率高，成枝力差；枝条直立且粗壮，节间短；以短果枝结果为主，结果早。

新红星幼树期间坐果率偏低，果台副梢较短，连续结果能力差。新红星苹果旺幼树不易成花结果，盛果期后树冠内膛及大、中枝的后部果枝易死亡，形成光秃带。富士系短枝型苹果幼树不易成花；金冠系短枝型苹果幼树易成花且结果早。

三年至四年生树龄宜长放修剪。长放修剪处理，树干加粗快，单株枝量和成花多，短枝比例大，利于早果早丰。

新红星苹果树枝条生长直立，顶端优势强，幼树期间拉枝角度的大小，可影响树冠的扩展和发枝的多少。拉枝50°，延长枝生长较壮，用于迅速生长扩冠的幼树；拉枝70°，延长枝生长中等，发枝较多，上部与下部的枝生长均衡，适用于较大幼树骨干枝；拉枝90°，延长枝生长弱，发枝多，用于培养辅养枝。发芽前后进行拉枝50°和70°；新梢旺长过后（6月份）拉枝90°为宜。

生长壮的幼树，新梢生长到30厘米左右时摘心，促发分枝，增加枝量。三年生后，需扩大树冠者，宜截放修剪，同时在发芽后10天左右，于长放的壮枝中部环刻1～2道，待发枝后再拉平，以缓势增枝。株间将近搭接，不需扩冠者，应长放修剪。为了使长放枝增加枝量，特别是增加长枝量，应对长放枝采用环刻1～2道以促发长枝，注意开张角度。骨干枝开张70°，辅养枝6月份开张到90°。不易自然成花的旺长幼树，特别是元帅系短枝型品种，可在树干或枝上于盛花后25天开始环刻，环刻3～5次，隔10天1次，每次环刻一圈。

短枝型品种壮幼树，特别是元帅系短枝型的初果期坐果率较低，应及时采用环刻或环剥，提高坐果率。一般应用到生长和结果稳定时为止，历经8～10年。

参考文献

[1] 杜纪壮，徐国良．苹果无公害标准化生产技术．石家庄：河北科学技术出版社，2006．

[2] 王少敏．苹果绿色高效生产关键技术．济南：山东科学技术出版社，2014．

[3] 农业部农业技术推广总站．苹果优良品种及其丰产优质栽培技术．北京：中国林业出版社，1993．

[4] 陈敬谊．苹果优质丰产栽培实用技术．北京：化学工业出版社，2016．

[5] 张玉星．果树栽培学各论．北方本．北京：中国农业出版社，2003．